绿色泡泳村

青山绿水爱我家

黎先耀 梁秀荣 高桦 主编

广西科学技术出版社

图书在版编目（CIP）数据

绿色地球村 / 黎先耀，梁秀荣，高桦主编. —南宁：
广西科学技术出版社，2012.8（2020.6 重印）
（绿橄榄文丛）
ISBN 978-7-80666-219-9

Ⅰ．①绿⋯ Ⅱ．①黎⋯ ②梁⋯ ③高⋯ Ⅲ．①环境
保护—普及读物 Ⅳ．①X-49

中国版本图书馆 CIP 数据核字（2012）第 192737 号

绿橄榄文丛
绿色地球村
LÜSE DIQIUCUN

黎先耀　梁秀荣　高桦　主编

责任编辑：黎志海　　　　　　**封面设计：**叁壹明道
责任校对：梁　斌　　　　　　**责任印制：**韦文印

出 版 人　卢培钊
出版发行　广西科学技术出版社
　　　　　　（南宁市东葛路 66 号　邮政编码 530023）
印　　刷　永清县晔盛亚胶印有限公司
　　　　　　（永清县工业区大良村西部　邮政编码 065600）
开　　本　700mm×950mm　1/16
印　　张　13
字　　数　167千字
版次印次　2020年6月第 1 版第 4 次
书　　号　ISBN 978-7-80666-219-9
定　　价　25.80 元

本书如有倒装缺页等问题，请与出版社联系调换。

目 录

二、美果宝树

三、鲜蔬佳饮

四、园林胜境

五、呼唤春天

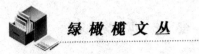

绿橄榄文丛

卷首篇

草木并非无情物

边 芹

人常常忘记，我们是依赖于植物而生存的。这不难理解，我们既然是这个星球的统治者，我们自然是目空一切的，这是我们人类的本性。我们除了在家里养几盆花草之外，很少去关心在这个星球上与动物世界并行的植物世界的故事。

我们从来没有觉得植物世界就是生命的世界。我们讲到爱护植物时，带着很强的功利色彩：因为它们能提供我们赖以生存的氧气，至多给我们提供美丽的风景，我们应该宽容地让它们存活下去。相对于动物来讲，植物没有中枢神经，因而普遍的常识告诉我们，植物是没有智慧的。人对于具有同样智慧的人，尚且缺乏尊重和宽容，何况对于"没有智慧"的植物！

我们从来也没有想想，生命最初只存在于植物界。生物世界是植物世界繁衍了20多亿年后的产物。植物是地球生命的始祖！植物作为地球的最早征服者和统治者，在与人类相伴了几十万年之后，不断地被野蛮、缺乏爱心、贪得无厌的人类所剔除，在地球上一片片地消失，逐渐沦为被保护者。

我们很少有这样的良知：人类是在驯服了植物世界后——即农业

的开始，才迅速繁衍生息，征服地球。从一开始，人类就最大限度地依赖于植物。可以说，植物世界是人类征服自然的最初的友人，而且始终相伴。它的命运真是不可思议！它捐出身体，吐出氧气，只为了我们的生存。

我们从来没有把保护植物提到热爱生命的高度。自然是什么？自然实际就是生命。我们一直在呼吁尊重生命。自然的生命，植物的生命，也是我们的生命。正如让－玛丽·佩尔特所说："植物的生存和人类的生存是同一个事物，而且是惟一的事物——生命的两个方面。"进入新世纪的人们，应该把尊重生命、尊重自然，视为人类新伦理的基础。

我们只知道"人非草木，岂能无情"，却从来也不曾去感觉一下"草木亦非无情物"。我们对植物的了解并非我们以为的那么全面，我们自以为是的那份优越感有多少是建立在科学基础上的？植物的历史远远早于我们人类，而人类编撰的植物学只是汪洋的一角，短暂的人生使我们无法追踪植物世界漫长的演变。我们每个人的一生见过的花木屈指可数。

我们从来没有意识到，在生命的旅程上，我们也并不是赢家。我们最多有 100 年的生命，与寿命达几千年、几百年的植物，不可同日而语。加利福尼亚松树活了将近 5000 年；最新发现的羽扇豆种子已有 10000 年的历史，居然发了芽；而铃兰几乎是永生的。它们才是地球历史真正的见证人。

我们绝少这样的感悟：植物的历史就是人类的历史。自人类闯入生命舞台之后，植物世界的演变不再是纯自然的变迁。人类每一种生存手段，几乎都与植物世界有着直接或间接的关联。人类文明的起始，就是人类征服植物世界漫漫长途的开始；人类的生存，就是不断征服植物世界的过程。从今往后，人类的良知和科技武器，将完全决定植物的命运！

　　在我们人类诞生了几十万年后的今天，我们应该面对这样一个现实：我们与植物世界唇齿相依。

　　今年夏季，当我驱车在大西北荒凉的戈壁和沙漠上奔驰的时候，望着那月球般的景致，我难以想像那里曾是犀牛、剑齿象生活过的地方。我哀叹植物的命运："植物世界被夹在城市化和荒漠化之间，被夹在物种灭绝和遗传实验之间，它的未来看来是暗淡的。"我更哀叹人类的命运！

　　我不希望几百上千年后，地球上剩下的植物都遭受下面我要讲述的那个小植物的命运。那是一种非洲沙漠里生长的黄细心属植物。它只在8天里完成它的生命过程——发芽、生长、开花、结果。它死了，但做了它要做的事情。它的种子耐心地等待第二年的那场雨。一年的等待，就是为了8天的生命。

　　"如果人类现在消失，让地球荒芜的话，那么可能在1000年后，近似于新石器时代初期的风景就会重新恢复。"这是一个位科学家所言。

一、名花异卉

诗灵画魂最爱梅

黎先耀

我国诗人吟咏得最多的花，是梅花；我国画家描绘得最多的花，也是梅花。梅，先天下而春，产华夏最早。因而，常居百花之首！西方的梅树是从中国传去，因此至今英语里没有"梅"字，还与"李"共用一字"Plum"。

3000多年前，《诗经》国风"召南"中就有一篇《摽有梅》，大意唱道：梅子熟了，梅子纷纷落了，追求我的人儿啊，别错过好日子哪！这是一首女子热切地盼望求婚者及时来，不要辜负了青春的情歌。梅树经过长期的人工栽培，后来才选育出很多供观赏的"花梅"品种；古时种植的则是"果梅"。"召南"国治位于现在陕西渭水一带，古时黄河流域气候比近代温暖，因之梅树可在露地开花结果。梅子自古就是人们赠礼、祭祀的佳品，调和鼎鼐的美味。

唐代山水诗人王维，留下了一首传诵至今的五绝："君从故乡来，应知故乡事；来日绮窗前，寒梅著花未？"当时隐居于陕西蓝田辋川的王维，探问在他河东蒲州故园里的梅花。由此可知，1200多年前山西南部还有梅花开放。中国是梅的故乡，至今岷山、大巴山和西藏等处，还不断有大片的野生梅树发现。由于物候的变化，现在梅树大多栽种在长江以南各地，我国著名的赏梅胜地，如孤山、邓尉、梅园、梅岭、梅花山、罗浮山等处的"香雪海"，都分布在北纬30°左右，大多属于不结果的重瓣"花梅"。建在京郊香山的梅兰芳墓地，原拟营造一片梅林，就因气候寒冷，引种未获成功。我国古代热爱梅花的著名诗人，写出过不少脍炙人口的咏梅诗。如隐居西湖，"以梅为妻"的北宋诗人林逋，他的《山园小梅》中的名句："疏影横斜水清浅，暗香浮动月黄昏。"已成为梅花最好的写照。又如明代杰出诗人高启在《梅花九首》中开首几句："琼姿只合在瑶台，谁向江南处处栽；雪满山中高土卧，月明林下美人来。"毛泽东生前很欣赏这些美好浪漫、才华横溢的咏梅诗，兴来挥毫书写，主动持以赠人。

陆游就是一位咏梅大家，他一生写下关于梅花的诗词就达百首之多。"一树梅花一放翁"，他就是梅花，梅花就是他，简直进入了花人合一的境地。他写梅的名篇《卜算子·咏梅》："驿外断桥边，寂寞开无主；已是黄昏独自愁，更著风和雨。无意苦争春，一任群芳妒；零落成泥辗作尘，只有香如故。"1962年冬天，毛泽东读了陆游这首咏梅词后，也用同一词牌，写下一首反其意的《咏梅》："风雨送春归，飞雪迎春到；已是悬崖百丈冰，犹有花枝俏。俏也不争春，只把春来报；待到山花烂漫时，她在丛中笑。"这首词，一反陆游壮志难酬，孤傲忧郁，清高自负的文人情愫，而豪迈地唱出，迎着冰雪报春，引发百花争放，亦不居功自傲的无产阶级革命家的胸怀与气魄。

毛泽东除了评点过上述陆游、高启的咏梅诗词外，从"菊香书屋"的藏书中，发现他还圈读过清代两位诗僧的咏梅诗。一首是蒋锡震的《梅花》："竹屋围深雪，林间无路通；暗香留不住，多事是春风。"另一首是德元的《玄墓看梅》："石墙茅屋老梅丛，仄径危崖处处通；半岭人烟香雪里，下方鸡犬白云中。"毛泽东生前如此喜爱梅花，我想他如在世，选国花当会投梅花一票吧！

我国诗人爱梅是有传统的。中国第一部梅花专著《梅谱》的作者就是宋代田园诗人范成大。我国画家爱梅也历史悠久。梅花古画流传至今的，年代最早的当数南宋著名画家马远的两幅了。一幅《梅花诗思图》，画中水边梅干横斜，草堂里老翁对着案头的瓶插梅枝，若有所思，似将赋诗，意境深远。另一幅《梅石溪凫图》，画中梅花盛开的悬崖下，几只野鸭在溪中嬉戏，颇富情趣。元代著名画家王冕，自号"梅花屋主"，他画的《墨梅图》，描绘早春开放的一枝梅花，清新峭拔，淡墨点染花瓣，浓墨勾点蕊萼，疏润皎洁。并题诗言志："吾家洗砚池边树，个个花开淡墨痕；不要人夸好颜色，只留清气满乾坤。"诗情画意表达了作者清高孤洁的性格与情操。这几幅写梅名画，如逢秋高气爽时节，到北京故宫博物院去，或能有幸一识真颜呢。

在我国近现代大画家中，也不乏梅痴。如张大千81岁时，还画梅寄托思念家国之情。他对"不认梅花是国花"的人，竟愤慨到指为"顽无耻"的激烈程度。又如吴昌硕原为书法金石家，也因酷爱梅花，后用写大篆和草书的笔法，画墨梅兼红梅，酣畅淋漓，借梅花抒发愤世嫉俗之心，自称为"苦铁道人梅知己"。他曾在浙江安吉老家的"芜园"里，栽种了30多棵梅树，经常雪里雨里，早晚阴晴，一边执壶品茗，一边仰面观赏，梅之种种生姿意气，皆入于胸。他画梅始终师法于梅，笔笔皆殊状，幅幅不雷同。吴昌硕晚年移居沪上，曾叹道："十年不到香雪海，梅花忆我我忆梅。"他逝世后，家人遵其遗嘱，营葬于余杭超山报慈寺前的"宋梅亭"畔。那棵历经800多年的六瓣古梅，至今仍苍劲挺拔，冷香四溢，与其知己相伴。

杭州附近超山的"十里梅花"，我曾踏着雪，去寻访过。那里种的是果梅，因此该地还以产青梅酒和蜜饯青梅，驰名江南。超山梅花虽为单瓣，聚树成林，盛花时节一样能将人醉倒。杭州街头卖"梅什儿"的小担子，曾吸引过我童年的心。直到如今，我回故乡，总要到"采芝斋"去买几颗超山产的酸甜爽脆的青梅来尝尝。儿时喜欢吃的东西，到老仍滋味无穷。

　　以食梅为题材的诗，确为少见。宋代黄庭坚写的一首："带叶连枝摘未残，依依茶坞竹篱间；相如病渴应须此，莫与文君蹙远山。"想不到这位生硬枯涩的江西派大诗人，还会同这对蔑视封建礼教的蜀中情侣，开个无伤大雅的玩笑呢！

鄢陵蜡梅冠天下

张企曾

蜡梅是我国特产的传统名花和特用经济树种，为中国传统十大名花之一。在蜡梅盛开之时，恰与水仙花并列，古人有"两株巧笑出兰芳，玉质檀姿各自芳"的咏赞，道出了水仙与蜡梅的不同风格，为人们增进了欣赏的情趣，更加引起对蜡梅的喜爱。

梅花为蔷薇科，蜡梅却为蜡梅科，学名 Chimonanthuspraecox，落叶灌木，树干丛生，高 3 米左右，花形如梅，色黄如金雕蜡刻，手触有蜡质感，金灿灿，黄澄澄，故名蜡梅，又称黄梅，并非梅花。南宋诗人王十朋咏曰："非蜡复非梅，梅将蜡染腮，游蜂见还讶，疑自蜜中来。"十分形象地刻画了"蜡梅"名称的由来。有人认为因在农历腊月开放而称"腊梅"。明代王世懋《学圃杂疏》称：蜡梅因色似黄蜡而故名，并非腊时所开而称腊梅。

蜡梅原产我国中部的河南、湖北及陕西西部。秦岭山区尚有野生。近年在鄂西的神农架原始森林区发现了大面积野生蜡梅林，证明华中地区确是蜡梅的故乡。而栽培历史之久、品种之多，则素以"花县"著称的河南鄢陵县最为著名。

据《鄢陵花卉志》一书记载，北宋年间已广泛栽培蜡梅。未经嫁接者为狗蝇梅，花小而香淡。花农通过嫁接培育出优良的观赏品种，花密而香浓，如磬口蜡梅、虎蹄蜡梅、素心蜡梅、檀香蜡梅等，大量销售于京都汴梁，为天下第一。据明代韩程愈《叙花》记载："蜡梅一种，唯鄢陵著名。四方诸君子，购求无虚日，土人皆以为累。"清顺治《鄢陵县志》载："鄢陵蜡梅不知有自何时，承平时鄢为独胜。兵乱之际，家园无主，土人折为薪。"足以证明当时栽培之盛。清康熙年间刑部尚书王世正《蜡梅诗注》称："鄢陵蜡梅以斐氏张氏为冠。"范石湖《梅谱》云："自河南者曰磬口，色、香、形皆第一。"至今鄢陵县城西姚家花园的街头巷尾，家家户户遍植蜡梅，每值严冬飘雪，柔枝粘霜，黄苞素裹，香气袭人，吸引着无数游客。养花者有不少蜡梅专业户，形成花卉产业。鄢陵县园艺场专建一个露地栽培和盆栽蜡梅的标本园。经过艺术造型处理，塑造成千姿百态的盆景。曲枝盘弯，古雅苍劲，独具风格。现代园艺学家彭学苏也在《蜡梅概述》专著中说：蜡梅以河南鄢陵最为著名。

据《群芳谱》载："蜡梅人多爱其香。"南宋陈与义赋蜡梅诗："一花香十里，更值满枝开，承恩不在貌，谁敢斗香来。"全诗突出一个香字，以香起句，以香作结，惟其香异，才迥别于群芳。结句"谁敢斗香来"，通过反衬，把蜡梅的奇香又推进一层。而北宋陈师道作了更高的评价："色轻花更艳，体弱香自永，玉质作金裳，山明风弄影。"赞赏蜡梅在万花凋谢的严冬却英姿勃勃，它丰润如玉的体态，镶嵌着金黄色的花瓣。明净的山上，绰绰花影在风中摇曳生姿，不是梅花，胜似梅花。

北宋诗人王安中咏蜡梅云："雪里园林玉作台，侵寒错认暗香回，化工清气先谁得？品格高奇是蜡梅。"歌颂了数九寒天，白雪皑皑的园林中，一株蜡梅迎霜破雪而开，"错认"二字正是用梅香巧喻蜡梅的冷香和冰霜不屈，冻蕊尤香的精神。最先得到大自然恩泽的，是品格高奇的蜡梅。"高奇"，一是说它腊月严冬冲寒怒放的"侵寒"能力。二是赞它花期长久。蜡梅在每年"四月熟黄梅"时叶腋间开始萌生发芽，深秋经霜之后花芽膨胀渐至形成花蕾，在一年生枝上到农历十月先开花，延续至翌年三月，花期早于梅花又与梅花并转春晖。三是暗香尤浓。作者把蜡梅的高奇品格刻画得极其精神。

蜡梅适应性强，繁殖容易，少病虫害，分布范围广。耐寒尤耐旱，性喜阳光，略耐阴，但怕风，种植在风口常不易开放，花期延迟。忌水湿，鄢陵花农中有"百旱不死的蜡梅"之说。半干最适于生长，性喜肥，在排水良好的壤土下，蜡梅须根多，植株健壮，开花繁密，香味浓郁。土壤以中性微酸性为宜。既可地栽，也可盆植，可丛栽、片植、散植于水畔、亭前、篱边、松下、竹旁及庭院中，数枝蜡梅满院生香，还可盆栽成桩景，陈列于书架案头，同时还是切花瓶插的好材料。

蜡梅寿命长，树龄一般可达百年。山东泰山王母池院内的蜡梅高达7米，冠幅达10多米，考查确切年龄为300多年前遗植，至今仍生长旺盛，每逢腊月初春，蜡黄色的小梅花布满枝头，满院馥郁清香。繁殖蜡梅采用播种、扦插、分株、压条均可。品种蜡梅多以野生蜡梅或实生苗为砧木，用切接或靠接繁殖。花可提炼芳香油入药，有解暑生津，顺气止咳之效。

河南许昌市鄢陵县已建成了有163个品种的我国第一个蜡梅属植物品种资源库及种质资源库，蜡梅的组织培养技术首试成功，快速繁殖法使3～4年出圃嫁接苗缩短为当年出圃，大大促进了蜡梅的推广种植。

可贵的山茶花

邓 拓

我生平最喜欢山茶花。前年冬末春初卧病期间，幸亏有一盆盛开的浅红色的"杨妃山茶"摆在床边，朝夕相对，颇慰寂寥。有一个早上，突然发现一朵鲜艳的花儿被碰掉了，心里觉得很可惜。我把她拾起来，放在原来的花枝上，借着周围的花叶把她托住。经过了 20 天的时间，她还没有凋谢。这是多么强烈的生命力啊！当时我写了一首小诗，称颂这朵山茶花：

红粉凝霜碧玉丛，淡妆浅笑对东风。

此生愿伴春长在，断骨留魂证苦衷。

她的粉红色花瓣，又嫩又润，恍惚是脂粉凝成的；衬着绿油油的叶子，又厚又有光泽，好像是用碧玉雕成的；一株小树能开许多花朵，前后开花的时间，可以连续两个月。她似乎在严寒的季节，就已经预示了春天的到来；而在东风吹遍大地的时候，她更加不愿离去，即便枝折花落，她仍然不肯凋谢，始终要把她的生命献给美丽的春光。这样坚贞优美的性格，怎能不令人感动啊！

今年春节，我有机会在云南的昆明和大理等地，看到各色各样的山茶花。特别是在大理，不但所有的公共场所都遍栽山茶花，而且许多居民的庭院中也尽是山茶花。在这个古老的小县城里，春节前夕的街头，到处摆满了小摊，出售野生的山茶花。我当时看到这番情景，马上产生一个强烈的印象，觉得这个小巧玲珑的古城，把它叫做"茶花城"，一点也不过分。美丽的山茶花，使这里的山水人物，全都变得那么娇艳可爱了。仰望苍山，俯瞰洱海，听着五朵金花乡的歌声，看着金花银花姐妹们热情的笑脸，人们的生活更显得丰富而美满，如诗如画，永不凋谢，永远繁荣！

这样美丽的山茶花乃是我国西南地区的特产，而以云南、四川为最。明代的王世懋，在他的著作《学圃杂疏》的"花疏"中写道：

"吾地山茶重宝珠。有一种花大而心繁者，以蜀茶称，然其色类殷红。尝闻人言，滇中绝胜。余官莆中，见士大夫家皆种蜀茶，花数千朵，色鲜红，作密瓣，其大如杯。云：种自林中丞蜀中得来，性特畏寒，又不喜盆栽。余得一株，长七八尺，舁归，植淡园中，作屋幕于隆冬，春时撤去。蕊多辄摘却，仅留二三花，更大绝，为余兄所赏。后当过枝，广传其种，亦花中宝也。"

王世懋是江苏太仓人，为明代著名诗人王世贞的弟弟。从他的这一节记载中，我们可以看出，明代嘉靖年间，江苏等地的山茶花，大概都是由四川和云南移植过去的。王世懋在书中还介绍了黄山茶、白山茶、红白茶梅、杨妃山茶等许多品种。在他以后，到明代万历年间，五象晋写了一部《群芳谱》，其中对山茶花又作了详细的介绍：

"山茶一名曼陀罗，树高者丈余，低者二三尺，枝干交加。叶似木槿，硬有棱，稍厚；中阔寸余，两头尖，长三寸许；面深绿，光滑；背浅绿，经冬不脱。以叶类茶，又可作饮，故得茶名，花有数种，十月开至二月。有鹤顶茶，大如莲，红如血，中心塞满如鹤顶，来自云南，曰滇茶。玛瑙茶，红黄自粉为心，大红为盘，产自温州。宝珠茶，千叶攒簇，色深少态。杨妃茶，单叶，花开早，桃红色，焦萼。正宫粉、赛宫粉，皆粉红色。石榴茶，中有碎花。海榴茶，青蒂而小。菜榴茶、踯躅茶，类山踯躅。真珠茶、串珠茶，粉红色。又有云茶、磬口茶、茉莉花、一捻红、照殿红。"

在这里介绍了许多种山茶花的名目和特点，很有参考价值。但是，他说山茶又叫做曼陀罗，后来其他作者也这么说，这一点我却有另外的解释。曼陀罗显然是梵语的译音，并非我国原有的名称。而山茶花的原产地的确是我们中国，所以介绍她的本名只能用中国原有的名称，而不应该采用外来的名称。

唐代段成式的《酉阳杂俎》，早已肯定了山茶花的名称和基本特征。他说："山茶，叶似茶树，高者丈余，花大盈寸，色如绯，十二月开。"到了宋代，范成大在《桂海虞衡志》中，更把山茶花分为南北两大类，一类是以当时的中原，即所谓中州所产的为代表；另一类则是南山茶，就是我们现在所说的云南、四川等地的山茶花。估计自古迄今南北各地山茶花的种类，总在100种上下。正如明代的李时珍在《本草纲目》中所说的，"山茶之名，不可胜数。"这就好比菊花的名目一样，随着人工栽培技术的不断进步，她们的花色品种也必然会越来越多。李时珍在《本草纲目》中还介绍了山茶花的许多用途和医药价值。这就证明，她不但可供人们欣赏，而且是人们养生祛病的良友啊！

虽然，最珍贵的山茶花品种，目前还只能在南方温暖的地带有繁殖的条件，但是也可以断定，只要培植得法，她同样可以适应北方的气候和土壤，可逐渐繁殖起来，只要条件适宜，山茶花的寿命可以延续很久。据明代隆庆年间冯时可写的《滇中茶花记》所说："茶花最甲海内，……寿经三四百年，尚如新植。"看来在我国南北各地，如果经过植物学家和园艺技师的共同研究，完全有可能把昆明、大理等处最好的山茶花品种，普遍移植，决无问题。这比起在欧洲、美洲各国种植山茶花，条件要好得多了。人们都知道，法国人加梅尔，在17世纪的时候，曾将中国的山茶花移植到欧洲，后来又移植到美洲。难道我们要在国内其他地区移植还不比他们更容易吗？

但是，无论天南海北的人，每当欣赏山茶花的时候，都不应该忘记她还有一段动人的传说。这是流传在云南白族人民中的一个神话故事。它告诉我们：古代有个魔王，嫉恨人间美满的生活，他用魔法把大地变成一片惨白的世界，不让有红花绿叶留在人间。但是，人们是爱惜自己的美好生活的。一位白族的少女，毅然决然地献出了不朽的青春，献出了宝贵的生命，用自己的鲜血，重新染红了山茶花，用自己的胆汁重新染绿了叶。从那以后，山茶花才更加娇艳地出现在大地上。

怪不得历来有无数的诗人，写了无数的诗篇，一致赞赏山茶花的高贵品质。

这里应该首先提到宋代苏东坡歌咏山茶花的一首七绝。他道：

山茶相对阿谁栽？细雨无人我独来。

说似与君君不会，烂红如火雪中开。

宋代另一个著名诗人范成大，也写了许多赞美山茶花的诗，其中有一首绝句是：

折得瑶华付与谁？人间铅粉弄妆迟。

直须远寄骖鸾客，髹脚飘飘可一枝！

特别应该记住，爱国诗人陆放翁，因为看到花园里有"山茶一树，自冬至清明后，著花不已"，曾经写了两首绝句，大加赞扬：

东园三日雨兼风，桃李飘零扫地空。

惟有小茶编耐久，绿丛又放数枝红。

雪里开花到春晚，世间耐久孰如君？

凭栏叹息无人会，三十年前宴海云。

在宋代的诗人中，就连曾子固素来被认为不会写诗的人，也都写过几首诗，尽情歌颂山茶花的秀艳和高尚的性格。曾子固的诗中有些句子也很动人。比如，他说："为怜劲意似松柏，欲攀更惜长依依。"他把山茶花和松柏相比，可算是估价极高了。

后来元、明、清各个朝代都有许多著名的诗人和画家，用他们的笔墨和丹青，尽情地描绘这美丽的山茶花。如今，我们生活在东风吹遍大地的新时代，我们要让人民过着日益美满幸福的生活，我们对于如此美丽而高贵的山茶花，怎么能不加倍地珍爱呢！

北京的海棠

黎先耀

1949 年春天，我从南国泛海来到北京，京中花卉最令我倾倒的，不是牡丹、芍药，也不是月季、菊花，而是海棠。

当时，我参加军管会和平接管旧市政府的工作，新组建的人民政府，就在原址中南海内西北隅的西花厅办公。宽敞而古老的庭院里，种植着数十株高已出檐、粗已可拱的海棠树。解放后第一个春天，海棠怒放得如同古城人民的心花。海棠是蔷薇科落叶乔木，仲春开花，与江南常见的多年生草本的秋海棠不是同科植物。这种花中的绰约处女，对我来说是初见惊艳。那里栽的大多为"西府海棠"，因古时生长在西府（今安徽省）而得名；以色浓瓣多的"紫锦"尤为佳品。古城新生，百废待兴，我们虽日夜忙碌，却有福与这些粉妆玉琢的"美人"耳鬓厮磨。正如唐代一位江西诗人所咏："艳丽最宜新着雨，妖娆全在欲开时。"玲珑待放的花蕾，如点点抹着胭脂的樱口，羞藏叶底，颤吻欲启，真是绿肥红瘦，娇媚全在半开中，含苞将放最销魂。

新中国成立后，国务院迁入中南海，西花厅是周总理旰食宵衣、为民勤政的处所。春夜，灯前月下的海棠，陪伴着昼夜操劳不息的主人。一年春季，周总理远赴日内瓦参加国际会议，收到邓大姐托人从北京捎来的几枝他喜爱的海棠花，曾传为美谈。

　　我与海棠也真可谓有缘。那年春季，我还曾奉命到尚未向公众开放的颐和园，准备国共和谈的场所（后改在中南海举行）。当时乐寿堂前那棵皎洁俏丽的白海棠正值花期，真是"偷来梨蕊三分白，借得梅花一缕魂"。据园中老人相告，这棵北京享誉最高的海棠，是昔日慈禧从西直门外极乐寺移植来的。原来深锁宫苑，为皇家所独赏；如今春天游人如蜂，聚醉花下。

　　海棠自古以蜀地最胜。雪绽霞铺锦水头，锦绣裹城迷巷陌。旅居蜀地的宋代诗人陆游爱海棠成癖，"贪看不辞持夜烛，倚狂直欲擅春风"。他写了许多赞美海棠的诗歌，甚至痴迷到认为"若使海棠根可移，扬州芍药应羞死"的程度。但海棠也并非人皆喜爱。唐代诗人杜甫避难蜀中，却不曾留下一首咏海棠的诗篇。因此，清代有人责道："开处自堪夸绝世，子美无诗亦寡情。"有人替杜甫解释道，杜母名"海棠"，因避讳无咏。

　　近几年，我搬到北京西郊居住后，每年春天总要到元大都遗址"蓟门烟树"附近的"海棠溪"赏花。那里除了西府海棠，还有垂丝海棠和贴梗海棠等珍贵品种。今年不料因事耽搁，待我去时已是落英缤纷，眼前出现了曾官居京都的浙江乡贤龚自珍所作《西郊落花歌》中，描写的风后海棠的惊人景色："西郊落花天下奇，出城失色神皆痴。如钱塘潮夜澎湃，如昆阳战晨披靡；如八万四千天女洗脸罢，齐向此地倾胭脂。"定庵先生甚至盼愿"三百六十日长是落花时"，这真是一首赞美落花的奇诗。

　　北京城自来海棠也颇盛。往昔京华竹枝词中，就有"悯忠寺里花千树，只有游人看海棠"、"南西门外花之寺，云锦缤纷尽海棠"的吟咏。《红楼梦》里不也有结"海棠诗社"的故事吗？四合院里，海棠是一种传统的观赏花果木。南城阅微草堂遗址和西城恭王府里都有古老的海棠，至今春来依旧盛放。叶圣陶先生生前，每当阳光明媚，总要约友人到东四北他家院里的海棠树下饮酒赏花。去年我去看望至善兄时，庭前海棠已绿叶成阴果满枝，似还在等待老主人去采摘尝新哩！

不知为什么，海棠这位多情美艳的"花中神仙"，没有被选为北京的市花。说是有人嫌其虽有姿色，却无芳香。这使我想起陆放翁曾愤慨地为海棠鸣不平的一首诗：

蜀地名花擅古今，一枝气可压千林。

讥弹更到无香处，常恨人言太刻深。

花和人一样，是没有十全十美的。茉莉太香，玫瑰带刺，樱花易谢，又何必苛求海棠之香呢？

白水青山百合乡

梁秀荣

　　我从井冈山下来，途经万载白水，那里离毛泽东领导"秋收起义"的浏阳文家市不远，是赣湘边境郁郁葱葱的山丘地带。眼前，那里突然出现一片片白花花的园田，喇叭状硕大的花朵含着如丹的花蕊，苗条的花茎披着扶疏的翠叶，婀娜地随风摇曳，在夏日的骄阳下，放射出耀眼的荧光，还飘送来阵阵沁人肺腑的清芬。自然界这种圣洁的美，真一下把我的心灵给震惊了。

　　抗日战争初期，我曾生活于这个地区的农村中，怎么没有见过这般美景呢？同行的从县委调来白水乡担任扶贫工作的丁梓青同志告诉我：扩大种植和深入开发百合这种传统名特产品，是这里找到的一条脱贫致富的门路。井冈山遍野革命烈士鲜血般的红杜鹃，令我无限激动。白水乡满谷老区人民一样纯朴的白百合，却使我深深地沉思起来。

　　纯洁而典雅的百合花，东西方不少地方都把它当做爱情和吉祥的象征。《圣经·旧约》中的《雅歌》是一本情诗集，其中就有这样的吟唱："他的恋人像山谷中的百合花，清白无瑕。"古代以色列人认为百合花的娴静胜过所罗门国王的荣华。以往，我在上海参加过一位友人的婚礼，那位披着白色婚纱的新娘子，胸前捧着的就是一束祝福伉俪"百年好合"的白色百合花。可是，我这次看到这里老区盛开的百合花，想起的却是茹志鹃笔下昔日战争硝烟里，江南农村中那姣美腼腆的新媳妇。她起初还舍不得把她那里外三新的印花布面的被子，借给一位年轻战士拿去给解放军伤员盖；最后，却主动亲手把她这惟一的嫁妆，做了当晚在战斗中，为了掩护担架员而献出自己年轻生命的那位战士的装殓。小丁同志也是一个文学爱好者，我们谈到《百合花》这个动人的故事，仿佛一起看到了那位纯朴而深情的新娘，把那条枣红底色上洒满白色百合花的新被子——这象征纯洁与感情的花，慢慢地盖上了这位来自山区的平常的青年战士稚气的脸……

百合因其鳞茎相互合抱故名，又称摩罗、强瞿和蒜脑薯，是一种多年生草本植物。我国栽种和加工百合的历史已很悠久，远在宋、元朝就载入《农桑辑要》、《四时类要》等专著；关于百合的药用价值，明代的《本草纲目》则论述更详。南宋爱国诗人陆游，主张抗金，收复失地，晚年被贬谪返乡，就曾去讨来两株麝香百合，和兰花、玉簪一起栽种在自家窗前，并戏吟道："老翁七十尚童心"，以示他伏枥老骥的壮心未已。

这里大面积种植的是白百合花，因其鳞瓣洁白肥厚，形似食肉恐龙的牙齿，故名"龙牙百合"，是百合中的优良品种，鳞茎不仅可供食用，还能入药；花朵形色秀丽，亦可供观赏。

白水真可称是"百合之乡"，这里的农民都会栽种百合，已有500多年历史，从清代嘉庆年间起就被列为贡品。百合的栽培方法比较特殊：可以播种，也可以用珠芽、球蕊或鳞瓣进行无性繁殖。这里农民一般用球蕊育种和鳞片发种两种方法。用外层老鳞片扦插发种，虽需经三代方能移植，但种纯高产。丁梓青带我穿过这片也许是世上最大最美的百合花圃，去参观我国惟一的这家百合保健食品厂。

鲜百合可以炒菜、煲汤，都是美食。百合也可加工成粉或干片。制粉要经磨浆、过滤、沉淀、晒干4道工序。制片要经剥片、煮片和晒片 3 道工序。现该厂与上海食品工业研究所等单位共同研制，开发出了百合纯粉、百合晶和百合饮料 3 个系列的产品。百合食品不但营养丰富，可以滋补强身，还能润肺健胃，防癌抗老，已行销国内外，受到人们欢迎。但是，这里令人惊艳的百合花，却仍在山中寂寞地自开自落，至今无人观赏，我真为这里如许"养在深闺人未识"的玉人惋惜不已。

现已驰名世界的"玉百合"，成了当今花卉市场上的抢手货；其实，最早也是英国人从四川移植到美国，后又引进到日本的中国优良品种。我还告诉他们，现在不仅荷兰，韩国的百合切花生产，也已形成相当规模。因此，这届"国际百合属植物学研讨会"在韩国的大田市召开。丁梓青听了，好像突然发现了什么，拍着大腿站起来："咳，怎么埋在地下的鳞茎，千方百计地开发；而放在眼前的招展花枝，反倒视而不见了呢？"

告别时，小丁同志托我给茹志鹃带些该厂开发生产的百合制品请她品尝，还让我代邀她明年来万载观赏百合花。我返京路过上海，托朋友给茹志鹃同志捎去老区人民的这份心意。她收到后，回信中感动地说："难得你们还记得我，谢谢，谢谢。"人们没有忘记这位女作家，因为她的作品表现了百合花般纯洁的解放区军民间的鱼水之情，曾打动过无数读者的心。

菏泽牡丹

汪曾祺

菏泽的出名，一是因为历史上出过一个黄巢（今菏泽城西有冤句故城，为黄巢故里，京剧《珠帘寨》说他"家住曹州并曹县"，曹州是对的，曹县不确）。一是因为出牡丹花。菏泽牡丹种植面积大，最多时曾达 300 多公顷。单是城东"曹州牡丹园"就占地 60 多公顷；品种多，约有 400 种。

牡丹花期短，至谷雨而花事始盛，越七八日，即阑珊欲尽，只剩一大片绿叶了。谚云："谷雨三日看牡丹"。今年的谷雨是阳历 4 月 20 日。我们 22 日到菏泽，第二天清晨去看牡丹，正是好时候。

初日照临，杨柳春风，60 多公顷盛开的牡丹，这真是一场花的盛宴，蜜的海洋，一次官能上的过度的饱饫。漫步园中，恍恍惚惚，有如梦回酒醒。

牡丹的特点是花大、型多、颜色丰富。我们在李集参观了一丛浅白色的牡丹，花头之大，花瓣之多，令人骇异。大队的支部书记指着一朵花说："昨天量了量，直径 65 厘米"，古人云牡丹"花大盈尺"，不为过分。他叫我们用手掂掂这朵花。掂了掂，够 500 克重！苏东坡诗云"头重欲人扶"，得其神理。牡丹花分三大类：单瓣类、重瓣类、千瓣类；六型：葵花型、荷花型、玫瑰花型、平头型、皇冠型、绣球型；八大色：黄、红、蓝、白、黑、绿、紫、粉。通称"三类、六型、八大色"。姚黄、魏紫，这里都有。紫花甚多，却不甚贵重。古人特重姚黄，菏泽的姚黄色浅而花小，并不突出，据说是退化了。园中最出色的是绿牡丹、黑牡丹。绿牡丹品名豆绿，盛开时恰如新剥的蚕豆。挪威的别伦·别尔生说花里只有菊花有绿色的，他大概没有看到过中国的绿牡丹。黑牡丹正如墨菊一样，当然不是纯黑色的，而是紫红得发黑。菏泽用"黑花魁"与"烟笼紫玉盘"杂交而得的"冠世墨玉"，近花萼处真如墨染。堪称菏泽牡丹的"代表作"的，大概还要算清代赵花园园主赵玉田培育出来的"赵粉"。粉色的牡丹不难见，但"赵粉"极娇嫩，为粉花上品。传至洛阳，称"童子面"，传至西安，称"娃儿面"，以婴儿笑靥状之，差能得其仿佛。

菏泽种牡丹，始于何时，难于查考。至明嘉靖年间，栽培已盛。《曹南牡丹谱》载："至明曹南牡丹甲于海内。"牡丹，在菏泽，是一种经济作物。《菏泽县志》载："牡丹、芍药多至百余种，土人植之，动辄数十百亩，利厚于五谷"，每年秋后，"土人捆载之，南浮闽粤，北走京师，至则厚值以归"。现在全国各地名园所种牡丹，大部分都是由菏泽运去的。清代即有"菏泽牡丹甲天下"之说。凡称某处某物甲天下者，每为天下人所不服。而称"菏泽牡丹甲天下"，则天下人皆无异议。

牡丹的根，经过加工，为"丹皮"，为重要的药材，这是大家都知道的。菏泽丹皮，称为"曹丹"，行市很俏。

菏泽盛产牡丹，大概跟气候水土有些关系。牡丹耐干旱，不能浇"明水"，而菏泽春天少雨。牡丹喜轻碱性沙土，菏泽的土正是这种土。菏泽水咸涩，绿茶泡了一会就成了铁观音那样的褐红色，这样的水却偏宜浇溉牡丹。

牡丹是长寿的。菏泽赵楼村南曾有两棵树龄200多年的脂红牡丹，主干粗如碗口，儿童常爬上去玩耍，被称为"牡丹王"。袁世凯称帝后，曹州镇守使陆朗斋把牡丹王强行买去，栽在河南彰德府袁世凯的公馆里，不久枯死。今年在菏泽开牡丹学术讨论会，安徽的代表说在山里发现一棵牡丹，已经 300 多年，每年开花 200 多朵，犹无衰老态。但是牡丹的栽培却是很不易的。牡丹的繁殖，或分根，或播种，皆可。一棵牡丹，每 5 年才能分根，结籽常需 7 年。一个杂交的新品种的栽培需要 15 年，成种率为 4‰。看花才 10 日，栽花 15 年，亦云劳矣。

告别的时候，支书叫我们等一等，说是要送我们一些花，一个小伙子抱来了一把。带到招待所，养在茶缸里，每间屋里都有几缸花。菏泽的同志说，未开的骨朵可以带到北京，我们便带在吉普车上。不想到了梁山，住了一夜，全都开了，于是一齐捧着送给了梁山招待所的女服务员。正是：菏泽牡丹携不去，且留春色在梁山。

兰为百花之秀

张穆舒

　　中国文人及中华文化，非常推崇翠竹、红梅、青松。但也有古人认为："竹有节而啬花，梅有花而啬叶，松有叶而啬香，唯兰独有之。"是呀，兰集竹、梅、松三者之优点于一身：每个季节都有不同的花朵开放，姿态潇洒，花色清雅，有清而不寒之态，秀而不媚之容，香袭衣衫，沁人心脾；兰花的叶，俯仰自如，柔中有志，刚中含情，风韵万千，令人心旷神怡。难怪有人说："人乃万物之灵，兰为百花之秀。"无论是从山中来，还是盆中栽，都以其自然美引起人们的美感愉悦，以其谦谦君子风度和高洁品德博得世人的由衷敬爱，不就因为它是灵和秀结合的产物么？

　　但是，千万应分清古代《易经》谓"同心之言，其臭如兰"，《离骚》咏"纫秋兰以为佩"，以及孔子所叹"夫兰当为王者香"，指的都是菊科植物中的兰草、蕙草和泽兰，和现在所说的中国兰花是同名异物，不可混为一谈。

　　兰科植物，全世界有二三万种，按其原产地的自然环境，可分为地生兰、附生兰（热带兰、洋兰）和腐生兰3类。地生兰主要产于中国，原生长于幽谷山野、岩缝悬崖，素有"空谷佳人"之誉，跻身"花草四雅"之列。经移栽庭院，植于大小盆中供观赏，在我国已有悠久的栽培历史。

地生兰又称中国兰，简称国兰。北起甘肃河西走廊，南达海南五指山谷，西至西藏喜马拉雅山麓，东到台湾海峡，均有出产，其中浙江、福建、云南、四川等省是盛产区，迄今约有数百个品种。

这里所指兰花，即地生兰，为兰科兰属中四季常青的宿根花卉。兰花依开花时间分为春花类、夏花类、秋花类、冬花类，只要各种一二盆，便将次第开放，终年献芬芳。它们的花和一般单子叶植物大致相同，但又有所分别。外面一轮的花萼有三片，里面一轮的花瓣也有三片，二者形状相似，有的短圆，尖端起兜；有的狭长，尖端尖锐；有的互相靠近，有的相互分开。花瓣中的一片特化成似人嘴的下唇称唇瓣，有的分为明显的三裂，中间的裂片常常反卷，两旁的裂片一般都直立在两侧；有的唇瓣无明显分裂。

兰花的花型有萼片形状像梅花瓣的，以"宋梅"、"绿英"为其代表；有萼片形状像荷花瓣的，以"大富贵"、"翠盖荷"为其代表；有萼片形状像水仙花瓣的，以"翠一品"、"龙字"为其代表；有花型发生特殊变化，呈多瓣、少瓣及奇形怪状的畸瓣型；有萼片像竹叶一样又长又细的竹叶瓣，常见的多为野生兰花。

兰的叶大致可分为两大类，一类是带形，一类是近椭圆形或披针形。叶片或长或短，或薄或厚，或柔软或呈革质，叶尖端尖锐或钝圆，叶边缘有锯齿或无锯齿。尽管因品种不同而有这样那样的差异，其共性却表现在：兰叶坚而韧，柔而刚，临风摇曳，仪态万千；叶片一次长出，仅长一次，老的假鳞茎则不再生新叶。

赏兰，向为国人共认之清高情趣，是兰的哪些自然属性、哪些自然美引起了人的美感愉悦，使得人如此痴迷呢？

一是赏叶从常青到新异。兰有潇洒飘逸、气宇轩昂的叶。《本草纲目》描述它"叶阔且韧，长及一二尺，四时常青"，明代文学家徐渭盛赞它"白虹细细三千尺，兰苕叶叶垂青碧"，说明兰叶的刚柔并济和翠绿常驻，是引起古人注意的主要之点，故明人张羽的咏兰诗写道："流露光偏乱，含风影自斜。俗人那解此，看叶胜看花。"

传统品种的兰叶上如有斑点或条纹，则被视之为"病态"、"异物"，斥之为下品。近数十年来，兰界对叶片上出现的白色或黄色的斑点、条纹甚感兴趣。一阵风，凡是叶片有斑纹的兰花，突然身价百倍。

二是赏花从荷瓣、梅瓣到奇花异色。荷瓣及梅瓣的兰花，是传统的名贵品种，向为古人喜爱。它们的萼片宽、短而肥厚，结构协调，风度典雅。

兰花的颜色，传统品种以翠绿、雪白的淡雅、纯净为珍，杂色、混浊的为次。一般的兰花，唇瓣上常有紫红色的斑点，称为彩心；如果唇瓣随萼片、花瓣的颜色一致，或纯绿、纯黄、纯白，则称为素心，属名贵品种，甚至以萼片、花瓣皆白的为最珍贵。清人何绍基在他的《素心兰》中赞道："深心太素绝声闻，悔托灵根压众芬。万古贞风怀屈子，一江白月吊湘君。香逾澹处偏成蜜，色到真时欲化云。园榭秋光都占尽，故应冰雪有奇文。"诗前四句刻画素心兰的内在情怀与志节，全从一个"素"字发出。后四句描写素心兰的香、色、态，也紧扣"素"字来写。掩卷遐想，那怀有淡泊情怀和高尚志节的素心兰，之所以不饰也美，具冰清玉洁之质和奇异不凡之文（色泽），想是由冰雪幻化而来的。这真把素心兰写活了，读后也可获得许多有益的人生启示。

如今，人们在花型上对荷瓣、梅瓣仍然青睐，在花色上也喜素心外，还对原生种和新变异种的奇花异色情有独钟，频送秋波。诸如"佛兰"，俨若观音座莲，呈祥献瑞；"飞蝶兰"，宛如彩蝶飞翔，静中有动，动中有静。其他如奇瓣、重瓣、缺瓣，以及复色奇花、唇瓣中生唇瓣、瓣中有瓣、花中有花、素中有彩、彩中有素，甚至素心兰也有全红、全紫以及红色的元宝点……简直让人眼花缭乱，目不暇接。

一盆叫"大屯麒麟"的墨兰，花有三层，每层有萼片、花瓣数十枚，令人叹为观止。

三是赏兰依然贵幽香。赏兰花，以幽香不浊者为上品；凡香味不纯，过浓，有浊味，品位均不高。

兰花的香气，至今仍是一个"谜"，初步得知它的产生与温度、阳光、品种和兰根的生长是否健壮等因素有关；世界上也尚未发现天然植物香料或人工合成香料中，有香味超过兰花的。我国兰花专家吴应祥就兰花香气曾撰文评述："以春兰最醇，蕙兰、剑兰次之，建兰、琴兰又次之，墨兰香气最差。"

尽管因品种不同，其香气有差别，但兰香确有其美妙之处，嗅之似近若远，似有若无，可谓香远益清，出群脱俗。北宋诗人黄庭坚誉兰香为"国香"，是对兰香的最高称誉。

朱德元帅的咏兰诗："幽兰吐秀乔林下，仍自盘根众草傍。纵使无人见欣赏，依然得地自含芳。"把兰花傍根众草，紧偎大地，不顾一切吐露芬芳的大无畏精神，描述得何等可敬可爱！陈毅元帅的《幽兰》诗为："幽兰在山谷，本自无人识。只为馨香重，求者遍山隅。"写出了兰香送远，引人探秀，使得本来寂静荒凉的出谷，从四面八方引来了觅兰的人。只要自己是馨香的，何愁无人赏识呢？这既是一首饱含哲理意味的诗，也是颂兰幽香的绝唱。

兰花的姿、韵、奇、色和香，与众不同，无怪乎西方人士说：兰花是最有中国特色的花。国际兰展如若没有中国兰花参展，就像奥运会没有中国运动员参赛一样失色。在韩国人的办公室里，往往可以看到兰花；韩国的医院明确规定：给住院病人只能送兰花，其余的花都不准送入病房。这一切，不都因为兰以其优雅、洁净、秀丽、幽香，赢得外国人的心么？据说兰的香气还能辟去周围空气中的浊气，有益人体健康哩！

天下风流月季花

仇春霖

古人曾用"天下风流月季花"的诗句来赞美月季。"牡丹最贵惟春晚，芍药虽繁只夏初"，只有月季能"花落花开无间断，春来春去不相关"。哪一种花的花期，都没有月季那么长。在北方，它能从五月开到十一月；在江南，如生长在朝阳避风的地方，几乎可以常年开放，月月花红。既斗炎炎赤日，又伴雪里梅花，真是"一从春色入花来，便把春阳不放回"。从这一点讲，月季花确算得是"天下风流"了。

我国的月季，是一种四季开花的蔷薇科植物，丛生灌木，枝干多刺，羽状复叶，小叶卵状长椭圆形，有锯齿，花常数朵簇生，逐月开花，四时不绝，所以又叫月月红、斗雪红、长春花。古人赞美月季时写道："牡丹殊绝委春风，露菊萧疏怨晚红；何似此花荣艳足，四时长放浅深红。"

到18世纪末叶，有两个品种的中国月季（"中国朱红"、"中国粉"）和两个品种的香水月季（"中国绯红香水"、"中国黄色香水"），经印度传入欧洲，引起了极大的重视。当时英法两国正在交战，为了保证中国月季能安全地从英国运送到法国，双方达成了短暂停战的协议，由英国海军护送，渡过英吉科海峡，把它交到拿破仑的皇后约瑟芬的手中。以后，法国人把中国的月季和香水月季同欧洲蔷薇进行杂交，培育出"杂种香水月季"，逐渐形成具有花朵特大、色彩丰富、妩媚多姿等特色的现代月季新体系。经过许多国家园艺工作者的不断培育、选择，出现了大量新的品种。现在，月季的品种已达 16000 种以上，成为风靡世界、誉满全球的观赏花卉。1973 年一位参加过抗日战争的美国飞行员重访中国，送给周总理的一株变色"和平"，也就是这种现代杂交月季。

现代月季，名种繁多，不仅花色丰富，姿态万千，而且花名也很富有诗意。按色彩分，北京地区的名品，白色的如佳音、白天鹅等；黄色的如金琥珀、苏丹黄金等；绿色的如青心玉、蓝天碧玉等；深红的如状元红、丛中笑等；橘红色的如香云、明星等；粉色的如迎春等；玫瑰色的如奇异玫瑰、阿尔丹斯等，五光十色，丰富多彩。有些月季花，颜色多变，比如"龙泉"，花瓣粉红色，夹有姜黄，红黄相衬，更显得娇艳。还有"桃花面"，一株上常出现有深浅不同的两种红色花朵。"乐园"花蕾呈深红色，开后变桃红色，而且越来越淡。"娇容三变"，花开后由青色而变粉白，由粉白而变粉红，饶有风趣。月季的花冠培育得好也有大如牡丹的。"天鹅黄"的花冠，直径达五寸左右。"玉楼春"的花瓣，有百片之多，盈盈多姿，富丽堂皇，很像一朵粉色牡丹。月季一般香气较淡，但绿色的青心玉、白色的香水白、黄色的苏丹黄金、桃红色的桃李争春、橘红色的香云、深红色的状元红等，也是芬芳馥郁，香风袭人。

月季按株形分类，主要有直立型、蔓生型和矮生型三种。直立型月季枝条挺直，花开在茎的顶端，如墨红、法国白等。蔓生型月季枝条蔓生，依支架匍匐生长，如黄和平、粉金刚等。矮生型月季植株矮小，多分小枝，如小姐妹、满天星等。不论是哪一种株形，都是婀娜多姿，风采奕奕。或露栽，或盆栽，或栽于花坛，或植成花带，都会取得很好的效果。

在花卉中，我最爱月季，尤其爱它那种"花落花开无间断"的品质。不论是在烈日炎炎的盛夏，还是西风萧瑟的寒秋，它总是月月生辉，始终不倦地为人们献出一丛丽色，一分芳馨。

你见过蓝色的玫瑰吗

桂耀林　桂　进

　　花以形态新颖、色彩独特为奇。越是与众不同，越具有观赏价值，身价也越高。"新"与"奇"是奇花异卉培育者追求的目标之一。在花卉市场竞争日趋激烈的今天，一株兰花珍品，价格可能被"炒"得高出其身价十倍、百倍、千倍。

　　要想获得新奇的品种，只靠常规的杂交育种方法是不够的。近年来，研究人员常常将一些新的基因转入花卉植物的细胞，已开始获得一些使人耳目一新的品种，为花卉育种研究开创了一条新路。

　　花的颜色向来是人们注目的变异特征。金花茶就是以茶花中前所未有的金黄色花朵而特异于色彩缤纷的茶花之中，成为稀世珍品的。"绿牡丹"则以其悦目的绿色花瓣独秀于群芳。同一类花中，一种新的花色会具有更大的诱惑力与鉴赏价值。如玫瑰，一般为红色或淡红色，就是缺少蓝色和紫色。如果培育出了独特的蓝色玫瑰，那么这种蓝玫瑰就成了稀世奇卉了。事有凑巧，基因工程的引入，真的使这种"蓝玫瑰"梦幻成真。美国 DNAP 公司把从矮牵牛中分离出的蓝色基因，转入玫瑰细胞，居然得到了开蓝色花的玫瑰。世界上独一无二的"蓝玫瑰"珍品诞生了。

　　随着人们对花色素等合成酶基因的了解，1987 年，法国一家公司还将玉米花色素中的一个还原酶基因转入矮牵牛，使矮牵牛开出了一种砖红色的花。

在发光基因的研究中，遗传工程师们已成功地将萤火虫体内的荧光素、荧光酶等发光物质基因转入植物细胞内，使转基因植物一到晚上即可发光。如果这些发光基因转入花卉内，就会使花儿更加异彩纷呈。日本宫城县农业中心在培育成功发光烟草后，计划再培育出发光菊花和发光的石竹花。不久前，新加坡基因工程实验室还传出一个令人惊喜的好消息，他们培育的转基因热带兰花能在夜晚发出熠熠光彩，更增加了这种美丽的热带兰花的魅力。

转基因工程技术，除了在花的花色大施"魔力"以外，也可以培育出花形丰富、株形优雅的花卉新品种。科学工作者已在鉴定和分离矮牵牛、金鱼草和拟南芥的有关花瓣数目及其形状的基因。日本有一公司用细胞作载体，将基因转入风铃草细胞，还培育出了一种微型土耳其风铃草，在日本，立即成为流行花卉。

天才的食虫植物

[美] 艾温·威·蒂尔

在美国威尔明顿以北 40 千米近布高的地方,我们来到了一个占地约莫 600 公顷的无树的草原。它和西部的草原一样平坦,青草丰茂,野花如锦,轻抹过一层黄色。万千瓶子草饼干样的花摇曳于纤长的茎上。跟着春天的步伐,草原上的野花轮次开谢,一时出现一种主要的颜色。

最初是 3 月的蒲公英,接着是紫罗兰,蓝色的捕虫菫和白色的除虱草,到了 5 月的燕子花开时,整个草原便好像一个蓝色的大湖。难怪许多外国的植物学者都不辞远道来看布高草原了。我们对于那些住在近处能够从头到底欣赏各种颜色的花次第开谢的人也不胜羡慕。像皮尔逊瀑布和大烟山一样,布高草原也是国家遗产的一部分,价值无限,值得永远保存。

我们来的时候,瓶子草科植物的花正好盛开,恐怖区其他的地方也一样。它们是食虫植物毛毡苔、捕虫菫和捕蝇草中最易辨认的。全美洲也许再没有其他地方像北加罗来纳海滨平原这样集中这么多的食虫植物了。亿万年来,它们一反常态,到处都是动物食植物,这里却是植物食动物。它们用胶液、滑溜的叶面、针刺、弯曲的叶和可以急闭的叶等来捕捉动物。我们现在在布高草原和松原上漫步,就如在参观自然界从史前到如今所设的一系列陷阱。

低飞的蝙蝠，有时会被牛蒡的刺果所缠住。几年前，在俄勒冈州，曾有一只年轻的猫头鹰被紫菀草的叶子紧紧地粘着，摆脱不了。但这类例子只算一种意外，有关的植物并不曾得到好处。布高草原上小动物的被捕捉却不是什么意外，而是经由有关植物极为精巧的设计，后者也直接受益。它们都是吃肉的植物。它们分泌液体，把被捕的小动物消化，差不多就像动物的胃一样。

一天的整个下午，我们在平坦的草原上漫行了好几千米，夹道尽是吃虫植物。水藓使泥路像海绵般的松软。我们可以一直跑 50 米的路都觉得脚底下是一张又软又厚又湿的地毯。在有些地方，水藓的上层已经由灰绿色变成浅黄色，使人觉得那里好像铺着一层硫磺。一对对白鸟在飞来飞去，雄的是耀目的蓝色；雌的棕色，很像麻雀。前头的一棵松树上有一只松林麻雀在唱个不停，它的调子是长长的单音，音尾较低而震颤。

我们周遭都是成排成簇的瓶子草喇叭状叶。有一株长着三个高低各殊的喇叭管，排在一起，就像乐谱上的三个音符。我劈开了一个喇叭管，发现管的下段积着差不多 13 厘米深的昆虫。管内由这种植物所分泌出来的液体，比平常的水可以把昆虫淹死得更快，也可以使昆虫失却知觉。曾将瓶子草的分泌物做实验的医生们报告说，用这种分泌物对人类作局部麻醉注射，其效果比诺佛卡因还要好。这种分泌物里面也有酶，可以帮助消化，还未开口的新喇叭状叶，其液体有时只满了一半。

叶管内的液体由食物的刺激而增加，也同唾液一样。生肉碎片、牛肉汤和乳汁都可以使之增加几倍到十几倍。科学家的实验发现了一项有趣的事实：无论投进去的是酸或碱，叶管里的液体，一如人类的胃液一样，终于又回复中性。一般人以为叶管里的液体不过是积集的雨水而已，那是完全不正确的。

事实上，我们周遭的瓶子草类的喇叭状叶，其朝天的开口处都有所掩盖，使雨水不易侵入。要是那些叶不是长成这个样，雨下得太大时岂不是会使叶管溢满，昆虫流失？

这类植物捕得昆虫的条件之一是叶管上端内壁长着数以百计的向下弯曲的细毛，有如豪猪背上的刺。我们曾用手指去摸，向下摸去，其滑如脂，缩回来时便感到那些细毛的抵抗。从管口滑下去的昆虫是一去而不能复返的。叶管口又圆又滑，昆虫很容易失足。我看见一只蚁从那纤长的茎上爬到叶管口上来。它走了十来步，忽然向横一滑，便跌了下去，再也看不见。我用手指摸摸它刚才失足的地方，的确滑得很。

美国的瓶子草类植物中，其中还有两种在叶管口外的套叶上长有薄而透明的地方。这种设计使有翼的昆虫也难以逃出。因为飞出的昆虫会以为那是无阻的出路，结果又碰跌到管底去。每个喇叭管其实只是一片叶，由叶的两边长在一起而成。连接处的脉纹许多都是紫色。它们像花一样的好看，也像花一样用香气和甜液来吸引昆虫。有的瓶子草气味像紫罗兰，有的香甜如水果。其中有一种自叶管底的外缘即有甜液，吸引地面上的昆虫如蚂蚁之类爬到管口上去。

但也有并不怕瓶子草类植物的昆虫。最常在这种植物上丧失生命的一种蚂蚁，有时就在这类植物干枯了的叶管里做窝。还有其他的小昆虫竟住在还是鲜活的叶管里。有一种爱吃腐肉的麻蝇，因为和瓶子草类植物关系密切，其学名也就被定为"瓶子草麻蝇"。这种小蝇产卵于叶管内腐解中的昆虫之上。孵化出来了的幼虫并不怕草液里的酸素和酶，竟在那里面长大到能够破壁而出，爬到地上作蛹。有一种小小的蚁，其幼虫成长的过程也差不多一样。在北方，一种蚊子，其幼虫时期就是在一种瓶子草的叶管内度过的，冬天里给凝结在冰内，冰解时又活转了过来。

这些肉食的植物却也为肉食的动物所侵扰。蜘蛛们常在叶管口的附近窥伺，攫夺由植物的香气和甜液所引来的昆虫。一种小小的树蟾蜍和一种小蜥蜴都惯于住在这些植物的茎叶上，也都以被引来的昆虫为食。

恐怖角区的土壤缺少氮。但吃虫植物可以从昆虫身上吸取有氮素的材料。我们在威尔明顿访问过的土壤化学专家威理斯说他相信那些食虫植物也可以从昆虫身上取得铜，那是这个地区的土壤差不多完全没有的，而昆虫的血里却有一点。

第二天，我们又在其他空旷的地方看到其他的捕虫植物。我记得有一处在去冬是有过野火的，草叶已从又黑又湿的泥里钻了出来。在这里，毛毡苔织成一大幅浓红的地毯。小艇似的毛毡苔都贴在地上，茎端长着像衬衫扣子那么大的圆叶，每一片上都有着 150 根以上的紫色触须，长在叶心的较短，长在叶缘的最长。每一根都在末端作椭圆形的肿胀，就在这个肿胀的地方分泌出一颗颗的发亮的胶液。在日光照射之下，那些叶子就像缀着露珠。

对于蚊蚋和其他有翅膀的小昆虫，那些胶液是要命的。它们只须碰到两三根触须便会给紧紧粘住了。瓶子草类的叶管是陷阱，是被动的，但毛毡苔所布下的陷阱却配合着主动。

昆虫被粘住之后，触须便活动起来，简直像手指在捏东西时一样，把昆虫移到叶心。其他的触须也来碰它，加上胶液，把它粘得更牢。昆虫的挣扎很快就停止，通常是不到一刻钟便被淹死在胶液里。

这时圆叶的作用便等于动物的胃。消化的液开始将昆虫溶解，而叶则开始摄取营养。我们这天上午所看见的关闭了起来的叶要到几天之后才再开放。当昆虫身上所有的养料都被吸取以后，毛毡苔叶上的触须便渐渐松开了来，圆叶也恢复了它原来的地位，胶液又在日光底下发亮，等待另一只昆虫。

达尔文在对吃虫植物做实验时，曾注意到毛毡苔胶液一项有趣的事实。这东西竟是一种强力的防腐剂，使细菌完全不能活动。在一次试验中，达尔文把一片肉放在毛毡苔上，另一片放在苍苔上。后来把两片肉都放在显微镜下来检查，发觉那片放在毛毡苔上的全无细菌，而那片放在苍苔上的则"纤毛虫类无数"。

捕虫堇的胶液也有防腐作用。阿尔卑斯山的牧羊人多少世代以来都把它作为疗病的软膏。我们那天在恐怖角吃虫植物丛中漫行的时候，就曾见到捕虫堇的蓝花在细长的茎端上招展。茎的下面是一簇浅绿色的叶。这些狭长的叶卷成一个个的槽。上边的叶面有着无数的腺点——1平方厘米里有 2.5 万个——分泌出可以粘住昆虫的浓液和溶解捕获物的消化液。这种植物在捕吃昆虫时也和毛毡苔一样，是兼有机械作用和化学作用的。小昆虫一停在上面而被胶住了以后，卷起的叶缘便徐徐卷向叶心，挤出更多的胶液来。

我们所见过的这些捕虫植物，其主要的不同在于叶。瓶子草类的叶两边连接起来形成一个管子；毛毡苔的叶长有分泌出胶液的触须；捕虫堇的叶则向内翘卷，上面备有无数的细腺。但最奇怪的还是捕蝇草的叶，也是我们特意到威尔明顿来看的。毛毡苔地球上哪里都有，共有一百多不同的种类，澳洲所产的种类则最多。但全世界却只有一种捕蝇草，并且除了加罗来纳海滨之外，任何其他的地方都找不到。

美国革命前，约翰·巴特斯姆曾将活的捕蝇草寄回英国，植物学者也为之轰动。1768 年，约翰·厄理斯曾把压干了的标本从伦敦寄给卡尔·林拿尤斯，后者在给前者的信里说："我所见过和实验过的植物虽不算少，但我得承认，像这样奇妙的却从未见过。"达尔文称这种草为"世界上最奇妙的植物"。

捕蝇草的奇妙在于叶。它的叶分为两半，都像带着睫毛的眼帘，挂在茎上，开关有如钢制的机器。平常两半是摊开着的，上面各有三根短毛，那也就是引发机。倒霉的昆虫一碰到那些毛，两个半边便立即合拢起来。

我们虽然见到许许多多的瓶子草、毛毡苔和捕虫堇，但捕蝇草却找了几个钟头都找不到。原来它们已被大量地掘出来卖给育婴院和平价店。威尔明顿周遭是捕蝇草的原产地，可是现在已难得见到了。第二天的下午，沿着老贝壳路到莱兹维尔海滩去的时候，我们在一处汽油站停了下来。一个正在爬上他的货车的农夫说他知道在什么地方可以找到捕蝇草，就在他的农场一片低地的边缘。那是郡里仍有捕蝇草可采的少数地方之一了。我们跟着他的货车走。这时天上已阴云密布，在我们未到目的地以前，雨已经打下来了。一下便下了好几个钟头，直到深夜——是一阵痛快的春雨。

第二天早上晴朗无云，我们又回到那农夫所指的低地去。那是一片并非经常积水的沼泽，上面长着矮灌木、凤尾草和稀疏的松树，捕蝇草长在地势更低的边缘。这种草常和犬舌草、圆叶的兰草、鲜艳的星花百合等长在一起，但在有豕草的地方便找不到它。蟋蟀草有时会侵入捕蝇草的区域，将之迫退或消灭。而当灌木长得太高，夺去了阳光时，捕蝇草也便消失了。

现在我们周遭是长在杂草里的捕蝇草的绿叶，有的很小，还不到8厘米大，有的直径可达150厘米。两个半片开张的角度大都是$40°\sim50°$，但也有一些到了$80°$。叶上有极多分泌消化液的细腺。

我蹲在一片刚做完消化工作的叶旁。这时它已张开了来，露出一只大黑蝇的躯壳。除了腿、翼和角质的残余外，其他的东西都已被消化了。有几只很小的蚁在那里逡巡，却已没有东西可得，一切都给那株草吸光了。只有在一切的养料都吸光了之后，那片叶才会再张开来。

昆虫碰到叶上的毛时，便刺激了叶子上半部的细胞。那些细胞都涨满了水，也由此而制住了叶的弹簧作用，使之张开。现在一经触动，细胞里的水便流向细胞之间的空隙，叶的两半便突然合拢起来了。

捕蝇草的两半片叶迅速地把昆虫关住之后便渐次伸直，在 12 小时之内把昆虫紧紧夹住。同时那些微红的腺体便开始分泌出消化液，那片叶便等于整株草的肠胃，吸取昆虫身上可食的部分。消化液里面含有蚁酸，防止细菌使昆虫腐败。我们要是把一片细长的肉放在捕蝇草叶上，一半在内，一半在外，那一半在外的将逐渐腐败，而那一半被关住的却不会有细菌。要是将那腐败的一半又放入一片新叶之内，腐败的气味便完全消除。

当昆虫被消化得只剩角壳时，叶里表皮上的细胞便渐渐增加了压力，交缠在一起的叶缘的长须渐渐松开，叶又成为两片了。这时捕蝇草又觉得"饿"了，捕捉机再次安排好，在等候新的牺牲者了。

看着这种植物用甜液和色彩来吸引昆虫，而又迅速地将之捕捉消化，我们颇觉得它们实在和周围无知无觉的植物不同。在纤维、液质和叶绿素之外，它们似乎还赋有其他的东西。它们是植物界的天才。

野草竟是宝

石旭初

1974 年，美国有位植物学家到我国东北参观访问，偶然在山边见到一株开紫色花的野草，他如获至宝，珍藏起来。

这野草，名叫野生大豆。20 世纪 50 年代，大豆孢囊线虫病席卷美国，大豆生产濒临绝境。后来，得到了中国野生大豆，育种学家利用它培育出了抗病的大豆，美国的大豆生产才绝处逢生，并进入世界大豆主产国的行列。

千姿百态的野生植物，屈身于山泽泥淖，栖身在山边岩缝。它们自强不息，练就了一身傲霜斗雪、御旱防涝、抗虫驱病的高超本领。人称"鬼禾"的普通野生稻，枝叶匍匐，结籽不多，随熟随落。然而，它生命力极强，分蘖多而快，米质优，蛋白质含量高，病虫无法缠身。这些优良特性，是栽培稻难以媲美的，一旦作为遗传基因转移到栽培稻中，就会诞生珍珠满穗的"绿色宝石"。获得国家科学技术委员会1981 年颁发的特等发明奖的杂交水稻培育者袁隆平等人，就是找到了一株雄性不育的野生稻——野败，才一举育出杂交稻的。

野生植物不仅是杂交培育新品种珍贵的原始材料，而且对栽培植物的起源和演变有极大的研究价值。你可知道，从野生小麦到栽培小麦，走过了多少坎坷的历程？现今生长在黄河故道的山羊草，可为你指点迷津。农学家研究得知，很久很久以前，人们在采集食物时，发现一种生着一粒小麦的野生植物，籽粒香甜可口，于是开始有意识地种植。又不知经历了多少世代，一粒小麦和拟斯卑尔脱山羊草天然传粉，进化成二粒小麦。以后，二粒小麦又与粗山羊草通婚，得到的后代穗大、籽粒多。这才逐步演变成近代小麦的祖先——普通小麦。

五彩缤纷的绿色世界，有 35 万种植物，其中与人类生活息息相关的粮食、蔬菜、果木等栽培植物约有 600 种。经我们祖先驯化的就有包括"五谷"在内的 136 种。我国不愧为世界上最大的栽培植物的起源和变异中心。北国南疆，大河上下，分布着千奇百怪的野生植物资源。它们和价值连城的出土文物一样，是国之瑰宝。令人忧虑的是，我国不少世上稀有的野生植物资源，由于缺乏保护，自生自灭，一旦灭绝，就不能失而复得。因此，我们要大声疾呼：救救野生植物资源！

二、美果宝树

岭南荔枝

黄 良

岭南为祖国水果之乡，荔枝在岭南更有"果王"之称。宋朝诗人苏东坡被贬到岭南时，吃到了岭南的鲜荔，有过两句诗，说："日啖荔枝三百颗，不辞长作岭南人"，这是岭南荔枝上的一段佳话。

荔枝是岭南原产植物。远在汉初，南越王赵佗已把它作为珍贵的礼物献给刘邦。刘彻（汉武帝）平南越（公元前 111 年），移植南方草木到长安，其中就有荔枝 100 棵，为着栽种这 100 棵荔枝树，并特别在上林苑建筑了一座"扶荔宫"，但限于自然条件，这 100 棵荔枝结果都种不活。这位封建专制皇帝为荔枝移植不活，还杀掉了好几十人。以后刘彻就每年强迫岭南人民呈献鲜荔，沿途设立驿站，快马兼程，日夜不息地飞骑传送。为着贡荔，许多驿夫都被迫得饥疲死在路上。

唐朝的时候，有名的荔枝故事是李隆基（玄宗）为着博取杨贵妃的欢心，也和刘彻一样，强迫岭南人民贡呈鲜荔。虽然历来也有人说当时贡的是四川涪州鲜荔，说岭南路途遥远，荔枝 3 日即色香味都变了，不可能从岭南进贡到长安。但唐诗人杜甫、鲍防都有记述岭南贡荔的诗。如杜甫诗："忆昔南海使，奔腾进荔枝。百马死山谷，到今耆旧悲！"鲍防杂感诗："五月荔枝初破颜，朝辞象郡夕函关。雁飞不到桂阳岭，马走先过林邑山。"杜、鲍均为天宝年间人，岭南贡荔一事，可能身历目睹，是可凭信的。

至宋时，我国荔枝已运销很远，把它制成干果，海上远销至新罗、日本、琉球、大食，陆上远运至西夏各国。

明时，岭南荔枝干果运销北方各地，更已成岭南人民一项重要的收益。每年荔枝季节，北江上下舟船相接，所载的都是荔枝、龙眼干果栲箱，当时广州经营荔枝、龙眼栲箱、打包生意的，即有数百家。

清末海运畅通初期，由广东运至上海，将鲜荔悬挂在船上当风的地方，抵上海时尚很新鲜。这是岭南鲜荔随交通工具的进步而远销的开始。

近年交通发达，火车、轮船有冷藏设备，飞机朝发夕至，岭南鲜荔，已可运销全国，并且远运至俄罗斯及东南欧各个国家和地区。

岭南荔枝品种特别繁多，据宋人无名氏的《增江荔枝谱》所载，当时增江（增城）荔枝品种即有100多种。

因为品种多，所以即使生长在岭南产荔之乡的人，也很难每一品种都吃过，并且每一品种见过的亦不多。较普遍而又产量丰富的品种，以增城挂绿、尚书怀，新兴香荔，番禺桂味、糯米糍，东莞、电白、新会、江门的黑叶，中山三月红、玉荷包，海南晋奉及各县都有栽种的大造等最为有名。增城挂绿与新兴香荔，更是岭南荔枝中的双绝，但可惜产量都不大。增城挂绿过去以沙贝（今新塘）所产最有名，现在则以西园寺的一棵老树最名贵。这棵老树已半身枯萎，抗战时并被日寇飞机炸去一桠，所存仅半树。过去，这一棵老树挂绿向为封建官僚、地主、资产阶级所独占，一般劳动人民连一见也不易（该树系用铁丝网围住的）。新兴香荔更是封建皇朝的贡品。清初汉奸尚可喜、尚之信父子踞粤时，每年香荔熟前，即差狗腿子到新兴产荔之家封守，荔熟即驱迫乡人兼程运送广州。

说到挂绿荔枝，我倒记起在那里关于它的一个美妙的传说，是一个广州人告诉过我的。地上荔枝，何止千千万树，为什么这株荔枝所造成的果实，皮上独有一条绿丝线儿呢？这是大家都要疑问的吧。我们那里的老百姓，他们曾想出了这样一些有意味的话答复我们：不知多少年代以前，何仙姑坐在这株荔枝树下做女红。恰巧这时天上要凑起"八仙"来。她闻得群仙在云端呼叫的声音，忙着要赶回天宫去，把一根绿丝线挂搭在这树上，所以后来所结的果实，皮上便永远有一根绿色线纹了。

增城挂绿与新兴香荔之外，次之为桂味、糯米糍，以番禺萝冈洞所产最有名。糯米糍亦称米枝，又名水晶丸，为荔枝中核小而实最大的，肉厚如肪，浆液充足，《荔枝谱》说它一枚即使人吃来感到畅然意满。桂味亦名贵味，实稍小，亦细核，味如兰桂，以此得名，据近人研究，它在荔枝中含糖分最高，是荔枝中最甜的品种。

黑叶又名金钗子，因一般荔枝叶绿色，而它的叶独黑色，以此得名。它熟在农历夏至前后，这时正是荔枝大旺季节，广东人以它熟在适中，说荔枝中以它最"正气"，可以多吃而不病人。

三月红为岭南荔枝最早熟的一种。屈大均诗："三月青连四月红，离枝早熟让南中"，咏的就是它。广东荔枝一般比福建早熟一个月，熟得最早的又为三月红。它大约于每年农历三月下旬，即身披着微红上市了。命名为三月红亦是这个原因。

大造、晋奉，在岭南荔枝中产量亦大，原因是鲜荔过去不能远销，而它宜于制晒干果，故农民喜欢种它。

荔枝品种多的原因，是荔枝最容易变种，它会因土质的不同和扦接的技术而改变原来的品种。由于易变，也就易于改良。如过去荔枝是用种（核）种的，明朝以后已经采用扦接的方法，不用种种了。用种种要10年以后才有收成，扦接则三五年内即可结实。并且由于改用扦接结果，它的种子（核）已失去效用，逐渐淘汰而变为细核。

岭南产荔的地区，广东除粤北较冷地区不能栽种外，其余 80 多县，都宜于栽种。广西东南部郁江和浔江流域，也有荔枝出产，并且产量也很大。

荔树为无患子科常绿乔木，树龄可至千数百年。福建福州西禅寺和蒲田县城区的两棵千年荔树，今年还开花结果，这证明荔树生长期很长，而且质理坚实，是一种优良的木材。它绿叶蓬蓬，熟时在绿叶丛中，丹红簇簇，如燃烧着千万火把，照得山野通红，这景色也特别美丽。在广州有一个有名的吃荔枝的地方，即市东的萝冈洞，向以种梅植荔著名，每年冬季梅开，夏季荔熟的季节，游人最盛。夏季荔熟时，一洞通红，遍山如火，荔香四溢。洞东有一座萝峰寺和一座玉岩书院，也是有名的风景区，游人在这里，即可吃到在树上摘下来的鲜荔。

广州市西的荔枝湾，是唐朝时的荔园，南汉时的昌华苑。南汉刘龚每年荔熟的季节，即在此举行红云宴。

荔枝实如鸡子，颗颗鲜红，去壳后其肉晶莹如雪，玉液流丹，甘甜如蜜，荔香喷鼻，可使人百吃不厌，人们称它为岭南果王，它的确可当之无愧！只是人们认为它有些美中不足的地方，是不能久藏，所谓一日色变，二日味变，三日即色香味尽去了。可是广东有一个贮藏鲜荔的方法，其法系于摘荔时，拣生长完好的，留蒂寸许，用蜡把蒂口封闭，采回家后再将蒂剪去，又用蜡封点剪口，放在罐中，将冬蜜煮沸至恰当，俟蜜冷，浇在罐内，以浸过荔面为度，这样可藏至明年春天，色味保存和鲜荔一样。解放以来，广东养蜂事业有了很大发展，蜜糖产量大增，这种蜜浸藏荔枝法，很可以研究推广，连蜜糖运销各地。

吃荔枝也有讲究，以愈新鲜愈佳，最妙是在晨曦未破，晓露初开的时候到荔枝园去吃荔枝，其味最清新甘美，午后吃来味即有所不同，夜后比之午后则更有差别了。

白果树

周建人

上海真是热闹的地方。近几天来，这等闹人睡眠的声音没有减少，却加添了卖热白果的声音了。白果担子挑来歇下，便发出镬子里炒白果的索朗朗的声音来，卖白果的人一面口中唱道："糯糯热白果，香又香来糯又糯，白果好像鹅蛋大，一个铜板买三颗！"

但是我觉得白果担倒并不怎样吵闹的。因为叫唱的声音并不十分高，而且挑来得早，回去也早，有时候倒觉得叫卖声中带给我们秋天来了的消息，使我知道白果卖了之后，将有檀香橄榄卖。荷花已开了，燕子回到马来西亚、印度等地方去了。

上海秋天虽然各处卖热白果，但是白果树却很少见的。我的故乡有很大的白果树。它又称银杏，有些讲花木的书上又叫它公孙树，意思是说它的成长很慢，阿公种植的白果树，须到孙子手里才开花结子。日本的植物学书上便常用这名称的。它的科学的名字是叫 Ginkgobiloba。它是植物界中的老古董。它的系统直从中生代的侏罗纪传来，到了现在，只剩了它一种了。中国是它的家乡。普通只见它种在庙宇寺院里，有些植物学者疑心现在已没有自生的白果树了，米耶尔（Meyer）虽说浙江山中还有野生的，但是有些人却不相信他的话。

植物学者虽觉得白果树已渐将衰亡，但是人工种植的却还很多。

它很容易种，只要把种子种在泥土里，大约50天后便出芽了。它幼时的树形像座塔，后来枝条散开，成了伞状的大树。据说最大的白果树能高到30米以上，但普通没有这么大。它的叶子有长柄，叶身很像内地扇炉子用的"火扇"。到了秋季，变成黄颜色，是很好看的。它是落叶树，冬季只剩了枝干。

白果树是雌雄异株的，大约四月间开花。花极简单，没有花萼、花瓣这些东西。雄花只在一条柄上生着些雄蕊，每个雄蕊只生两个花粉囊。雌花只在每条长柄上生着两个裸出的胚珠。因为它的花太不显明了，一般人从不曾看见过，因此便造下一个靠不住的传说，说白果树的花是"大年夜"（阴历除夕）后半夜开的，而且开的时间又极短，只闪三闪，就不见了。这传说先前曾叫一个长塘乡人上过一次当。他是一个求知心很切的人，大年夜的半夜里，跑到近地的一株白果树下等候它开花，足足等了半夜，不见一点动静。这才使他对于那传说发生了疑惑。

但白果树的确是开花的，不过不在冬末，却在春末生叶的时候。胚珠长大起来后，变成一颗种子，形状很像杏子，颜色也是黄的，但表皮很光滑。除去外面的薄皮和肉质，里面包着一层白色坚硬的薄壳，这便是普通所卖的白果。长足的白果，连外面的肉大约只有三生的密达大，除去肉质，那核自然更小了。上海担上的白果，似乎特别小，然而卖白果的人偏说"好像鹅蛋大"，未免太夸张；可是比之于有些广告，却要算是老实的了。

我个人呢，虽不爱吃白果，但很爱白果树。它的木材虽不甚坚硬，然而纹理细密，色白微黄，略带丝光，漆上中国的黄漆，颜色极光亮。你只要去问木工，他会告诉你用"银杏板"做书箱之类是很好的。还有，它的叶子上从不见会生虫，因此我想到做"马路树"一定很适宜的。北平的路旁常种着槐树或洋槐，叶上常生一种青色的幼虫，仿佛

名叫槐蚕，它有时候吐出丝来，挂在半空里，或者掉在路旁，行人如不当心，就会碰在面孔上，或者脚下踏成虫酱。上海马路旁种的多是筱悬木，它的掌状的大叶还好看，只是会生出一种毛刺虫——雀瓮蛾的幼虫——身上生着刺，如果刺在赤膊的身子上，是很疼痛的。白果树上不生这等虫，叶子又好看。它也是落叶树，夏季生叶很密，可以遮住太阳，冬季叶子脱落了，不致阻碍阳光，和筱悬木等一样。

漫谈猕猴桃

费孝通

　　猕猴桃是我们中国的土产，原是野生的果实，一般大多称它作"桃"，所以科学名称是"中华猕猴桃"。俗名也有称作杨桃、平桃、鬼桃等，但也有称它作"梨"的，如藤梨、毛梨。近年来已经有些园艺场在做人工栽培的实验，而在新西兰，从我国引种之后，已经大规模推广，成为一种重要的具有经济价值的园艺作物。

　　把猕猴桃归入桃类，除了传统名称之外，我不知道有什么科学根据，形状上像桃是事实，但是一般说桃子是长在树上的，而猕猴桃却是藤本植物。它攀附在其他树木上蔓长，高的可以达10多米。结的果实产量很高，一株老藤可以达一两百千克。一般长在海拔800米以上的山坡上；也有较低的，听说现在北京都有了。由于它要依靠别的树才能生长，所以都蔓生在林区，也因此和山区的少数民族结下了不解之缘，成为山区各族人民喜爱的野果。

　　野果尽管好，尝到的人究竟不会多，猕猴桃在深山里和猴子们打交道大约已有几千年，甚至几万年了。被称作猕猴桃很可能是因为人们是向猕猴那里学会采集这野果来吃的，至少也表明在人们采集这野果之前早已成了猴子们的珍品。猴子和这桃子都生长在山区森林里，它们也就这样联系在一起了。

　　我不知道什么人在什么时候发现了这种果实具有高度的营养价值和医疗性能。我没有查阅《本草纲目》，是否已有记载。至于用科学方法检定它的化学成分必然是近年来的事，所以这从科学资料里应当可以查得出来。我认为这应当作为一种重要的科学发现来对待，发现的人应当留下姓名，受到荣誉。为什么这样说呢？那是因为猕猴桃营养价值之高是突出的。只以所含维生素 C 一项来说，它远远超过其他的果品、蔬菜。每 100 克猕猴桃含有 100～420 毫克维生素 C，同样重量的橘子只有 30 毫克，广柑 49 毫克。目前大家抢着要买来吃的山楂也只有 89 毫克，抵猕猴桃的五分之一。如果猕猴桃制成浓缩果汁，100克果汁中可以含有 900 毫克维生素 C。我喝到的猕猴桃酒含维生素C206 毫克/100 克以上。

　　我举维生素 C 的含量来表明猕猴桃所具有的高度营养价值，因为维生素 C 的营养价值及医疗性能是我们多少知道一些的。它所含有营养价值的化学成分当然不只限于维生素 C，我不在这里多说了。由于它具有这样丰富的营养价值的化学成分，它也就具备了这种医疗性能。龙胜酒厂给我的《中华猕猴桃简介》上说："在医疗卫生方面的应用极为广阔，对高血压、心血管、肝炎等症均有疗效，尤其是有防癌作用，特别是对消化食道癌、直肠癌疗效更佳。"当然，我不能为这个简介作证，但是我相信这样说是有一定科学根据的。没有这样突出的营养和医疗价值，最近新西兰和日本也就不会这样把它视如至宝地加以培植和推广了。据我在桂林遇见的一位朋友说，他访问新西兰时，想去参观他们培植猕猴桃的地方，却遭到了婉言拒绝。不要忘记，新西兰的猕猴桃是近年来从我国引去的。

东南亚吃榴梿

钱醇宇

　　泰国、马来西亚、新加坡等东南亚各国的水果摊和超市，榴梿随处可见，特别是泰国，连空气中也夹杂着榴梿的气味。

　　榴梿味道浓烈，爱之者赞其香，厌之者怨其臭。因而，旅馆、火车、飞机和公共场所是不准带榴梿进入的。在导游的陪伴下，我们出于好奇也去选购榴梿。一般品种每个榴梿只需 100 泰铢或 50 马币，折合人民币 20 多元。名贵的品种每个价值达三四百泰铢。它为卵圆球形，一般重 2 千克上下，外面是木质刺状硬壳，内分数房，每房有三四粒如蛋黄大的果核，共有 10～15 只果核，外面裹一层略厚的软膏，这层软膏就是果肉，呈乳黄色。初尝榴梿只觉臭气难闻欲吐，尝过第一口后，越吃越觉味道醇厚沁心，回味无穷，甚至上瘾*。

　　关于榴梿的始产地，相传来自缅甸的他怀、玛立和达瑙诗一带。公元 1787 年，暹罗（泰国旧称）军进攻缅甸他怀，久攻不下。在围城期间，由于运输困难，军中粮草缺乏，将官只好命令士兵四处寻找野果充饥。士兵在丛林中找到一种硕大而有刺的果实榴梿。当他们设法剖开尝试后，味道爽滑可口，爱不释手。回师曼谷后，不少官兵把其果核随身带回，在自己房屋周围种植。自此，曼谷地区曾到过缅甸的官兵后代的庭院中，都生长有 100～150 年的榴梿树。榴梿就这样在东南亚各国传播开，渐渐成为果中之王。想不到战争传播了榴梿。

超市水果柜的郑小姐还是位水果的行家里手，她向我介绍："榴梿的营养价值很高，除含有很高的糖分外，还有蛋白质、脂肪、维生素C、钙、铁和磷等。榴梿属热性水果，因而吃过榴梿9小时内禁忌喝酒。"从她滔滔不绝的讲解中，我们对榴梿有了更深更广的了解。榴梿果核可煮和烤，味道像煮得半熟的甜薯。煮其核的水能治疗皮肤过敏时的搔痒。榴梿壳可滤制卤水，为纺织品漂白的媒介剂，与其他化学物可合成肥皂和皮肤病药品。选购榴梿也有学问。一个榴梿是否可口，除关系到品种、产地、气候、施肥及采摘时间外，适时剖开取食也极为重要。尚未成熟即剖食，榴梿肉硬而淡，味同嚼蜡。因此购买时，不妨请教卖主，他们会用小竹条轻敲榴梿，听其声音，以辨别成熟程度，同时以嗅闻的方法决定是否可以剖开，还可在水果摊或超市挑选已剖开去皮的榴梿肉，这样可用肉眼和手指挤压知晓是否已熟。

泰国流传有"典纱笼，买榴梿，榴梿红，衣箱空"的民谣，马来西亚有"'典'了老婆吃榴梿"的谚语，可见东南亚人钟情榴梿非同寻常。我国文学家郁达夫在《南洋游记》中写道："榴梿有如臭乳酪与洋葱头混合的臭气，又有类似松节油的香味，真是又臭又香又好吃。"将榴梿的特性表述得可谓淋漓尽致，难怪游客吃了，会流连忘返。

＊榴梿高悬树上，好似"地雷"，但它成熟后一般都在夜间掉落，因此白天人行其下，无须害怕砸在头上。

石榴园之最

张守仁

　　秋天去山东枣庄，除访问台儿庄抗日纪念馆外，主要是参观峄城区西面青檀山附近的万亩*石榴园。我们乘车驶入园区，正是石榴收获季节。万亩绿丛中，枝头点缀着繁星似的红石榴，一片丰收景象。沿路有许多老乡摆摊卖石榴。车路几乎被摊点堵塞住。小摊上的石榴有的裂嘴张开，露出红口白牙；有的橙黄的果皮上，泛出淡红的色泽。地区负责人对我说："如若你们5月来，碧树下到处是掉落的石榴花瓣，像红地毯似地铺展开来，另有一番风景。"

　　车往里开，我见一农家小男孩，爬在石榴树上，仰躺枝杈中间，一腿荡下来甩着，悠然自得地剥石榴粒吃。

　　石榴原产地中海沿岸、西域诸国。记得两千年前古罗马大诗人奥维德的长诗《爱经》里，多次写到佩戴在头上的石榴花冠。大概是石榴花鲜红可爱，女子们把它编织起来，作为她们秀发的装饰品。我国石榴是汉代张骞出使西域后带回来的。先在皇家园林里作为观赏花木栽植，后流传到南北各地民间种植。据说汉丞相匡衡被免官后到山东老家时，从宫中带回一批石榴籽，把它们种在山坡上。由于这里的水土特别适宜石榴生长，经多代人的努力经营，到明末清初，附近漫山遍岭长满了石榴树，被称为"冠世榴园"。如今当地群众春天采集石榴嫩叶，运用制茶新工艺做成一种榴叶茶；到了秋天，不仅采摘果实出售，而且酿造高级饮料石榴汁，运销全国各地。

万亩石榴园里石榴品种多，质量高，个儿大。这里产的最大的一个石榴竟重达 1.85 千克，像个小西瓜似的。送到北京展览，人们竟以为它是蜡制品，不相信是真的。

园中之园里的石榴树，树龄大都几百年了。石榴树龄达到 70 年后，灰褐的树干就呈逆时针方向拧旋着向上长。故一株株石榴树形成一个个天然盆景，虬曲盘绕，姿态万千。你置身石榴树丛中，仿佛在参观盆景展览，令人流连忘返。

暮色中回到峄城宾馆，喝着清香的榴叶茶，翻翻有关古籍，始知我国《齐民要术》、《本草纲目》中，对石榴树的叶、花、果、皮及其药用价值，均有相当详细的记载。历代大诗人李白、白居易、苏东坡等都写过石榴诗。李商隐有《石榴》诗曰："榴枝婀娜榴实繁，榴膜轻明榴子鲜。"宋晏殊《石榴》诗曰："开从百花后，占断群芳色；更作琴轸房，轻盈锁窗侧。"

过去北京四合院内，也多栽石榴树。书房外侧栽几株石榴树，那火焰一般的红花蕾把灰瓦、灰墙内的空间，点缀出一片动人春色。故北京过去就有一句描写庭院风光的话："天棚、鱼缸、石榴树。"

我曾看到过明代画家徐渭画的《榴实图》。石榴画得生意盎然，郁勃多姿。徐文长在画上题了一首诗："山深熟石榴，向日笑开口；深山少人收，颗颗明珠走。"借石榴自喻珠玉般的才华不能施展，抒发怀才不遇的苦闷。

甜石榴古称"天浆"，它实在是一种宝树。枣庄负责人说，万亩石榴园目前已扩大至三万多亩，拟于近几年内扩展至十万亩。那真正是世上最大的石榴园，可上吉尼斯纪录了。

*1 万亩为 667 公顷。

柑香应筑二千楼

梁秀荣

前几天，从香港来了一位老朋友，我拿出刚从柳州带回来的蜜柑飨客。

剥开黄澄澄的柑皮，一瓣接两瓣地往嘴里送。芳香沁人，味甜如蜜，汁滑如乳，无核少渣。

"好耶，好！"他不禁边吃边啧啧称赞。

我得意地问道："你在香港常吃'金山橙'，没有尝过这种'柳蜜柑'吧？"

他却笑眯眯地回答："你那是老皇历了。这两年，'柳蜜橱'早已压倒'金山橙'了哩！"

中国是柑橘的故乡，已有几千年的栽培历史。"柑"古代亦称"甘"，是由橘演化而来的一类风味甜美的品种。美国的"金山橙"，人称"花旗蜜橘"，其实也是从我国西南一带引种去的柑子。

这次我到柳州，正值柑橘飘香的时节。今年"柳蜜柑"丰收，街市上满是柑子的车担。我们游"柳侯公园"，倚坐在幽美的罗池畔的那座重檐翼角、丹柱碧瓦的《柑香亭》里休息。吃着香甜的柑子，很自然地就想起了唐代流放到此的柳宗元，曾在城西北隅"手种黄柑二百株"，造福于民的故事。

郭老 1963 年重来柳州时,也曾题赋《柑香亭》一诗:"风流人物更风流,树艺群英胜柳侯。种得黄柑六十万,柑香应筑二千楼。"

拨乱反正以来,各项政策对头,柳州人民干劲倍增,柑橘生产不但已经恢复,而且更加发展了。我们在园艺场里,遇见了一位老农艺师。他是种柑橘的能手,就像柳宗元写的《郭橐驼传》里的那位种树行家一样,掌握了柑橘生长和繁殖的规律,"顺木之天以致其性",所以他种的"柳蜜柑"能"硕茂早实以蕃"。他不但提前和延长了柑树的丰产期,而且消灭了"大小年"现象。

现在"柳蜜柑"不但产量增加,品种质量提高,而且建造起了巨大的现代化冷藏库,可以根据市场需要投放供应,近年外销量逐年看好,经济收益也增长很多。

柳宗元在《种柑诗》里曾吟诵道:"方同楚客怜皇树,不学荆州利木奴。"现在看来,我们应该像屈原那样,歌颂南国橘树独立不移的高尚情操,但是也需要学习吴国李衡太守,种橘致富的经营本领。

我们看到"江南有丹橘,经冬犹绿林"的柑橘园附近,有几幢砖木结构的两层楼新屋正在建造。陪同的朋友介绍,其中一座快竣工的小楼的主人,就是近年种植柑橘"发财"的人。

柳宗元虽然自己宣称"不学荆州利木奴",实际上柳侯种柑,余香更浓,倒是惠及了后人。

今年北京上市的柑橘格外多。朋友,当你吃着柑橘的时候,是否感到郭老的诗句"柑香应筑二千楼",又有了新的含义?

椰枣啊椰枣

［新加坡］尤今

第一次看到一大串一大串高高地悬挂在树上的椰枣，我心里涌满了激赏的喜悦——怎么世间竟会有这么美的水果！

椰枣的美，不同于草莓，也不同于桃子。草莓像是艺术家精心镂刻出来的艺术品，玲珑剔透，精细雅致，似乎是每一分每一寸都经过苦心设计的。桃子呢，则美得很含蓄，很自然，它的美，是需要我们细细去端详，慢慢地去发掘的，一经发掘，便越看越妩媚——妩媚得使人不忍释手。至于椰枣呢，它既不若草莓细致，也不如桃子含蓄，它的美是大胆的，奔放的，带着几分跋扈的味儿。如果把椰枣和草莓及桃子放在一起，我敢相信，首先引人注意的，不会是草莓，也不会是桃子，而是那束束艳而不俗的椰枣！

新鲜的椰枣，坚硬如石，每颗长约两寸。椭圆形的，表皮光光滑滑地闪着可爱的亮泽。椰枣的种类据说有 200 多种，但从色泽分，却只有两种，一类是枣红色的，另一类是深黄色的。枣红那种，红得鲜丽而不暗沉，像个风姿绰约的艳妇；深黄那种，黄得亮丽而不刺目，像个风华绝代的贵妇。这些红的黄的椰枣并不是一颗一颗地堆放在那儿的，它们是一串一串地连着细细长长的茎高高地吊着的。通体透明的茎，是浅浅的橙黄色的，想想看：橙黄配鲜红，多大胆的配搭，多夺目的色彩！

看到这样美丽的水果，谁都会毫不犹豫地买上一大束回去的。椰枣的价格也实在不贵，1千克才10利雅。

初尝新鲜椰枣，对于它的味道，不适应，更不喜欢。咬开那层漂亮的皮，皮的果肉是白色的——透亮的白。果子中央藏着一枚穿着薄膜的长形硬核。果肉的味道很清很淡，在清里淡里却又带着苦带着涩。才吃了一颗，我就不想再吃了。然而，J却一颗接一颗地吃个不停。

"这样难吃的水果，亏你也吃得津津有味！"我不解地说。

"我第一次吃时，连一颗也吃不完。"J边吃边说，"但是，椰枣实在是一种很耐吃的水果，吃多了，你不但会喜欢，而且会上瘾。"

J并没有言过其实。在吃完了那1千克新鲜椰枣以后，我赶紧又上水塔市场买了另1千克，因为在慢慢品尝的过程中，我确实已经喜欢上了沙漠区这种特有的水果。它虽然在淡里带涩，但细细咀嚼时，会发现它的涩里透着沁心的甜！这样的味道，配合着它爽脆的特质，的确很耐吃，尤其在炎热的下午，一边阅读，一边咀嚼，往往可以吃上一大盘而毫不知觉。

一般水果，放置过久，总会糜烂腐坏，但椰枣是一种性质非常特殊的水果，它的味道会随着时间而变——不是变坏，而是变甜——放得愈久，味道愈甜。它变化的过程是非常有趣的，从树上采下约一个月后，它光滑如水的表皮便起了波浪式的皱纹，起初是涟漪似的微波，然后，波浪愈扩愈大，愈来愈密，而颜色也越变越黑，到了整颗枣红的椰枣变成暗黑色时，原本与果肉紧紧相连的皮也完全地松脱了，我们只需要轻轻用手一扯，整张皮便会掉落下来，这时的椰枣啊，就甜得好像是蜜糖一样；而原本坚实爽脆的果肉，也变得软兮兮、黏嗒嗒的。新鲜的椰枣，我一口气可以吃上20来颗，但熟透了的这种呢，我一次只能吃两颗，因为它实在太甜了，甜得腻喉，甜得滞胃，据说这种椰枣糖分占了整颗果子的 80%。

记得有一回，我到那热闹的大街百麦加去，整条街这里那里全是售卖甜品的摊子，苍蝇飞绕、人群密集，我挤进一看，那全是捣成烂泥状而又粘结成一大团的东西，泥褐色的，几乎每摊所卖的都是这种甜品，而每一摊的顾客也都是一样多，那种争先恐后的样子，充分显示了这种甜品的备受欢迎。我好奇地问一名年老的摊主：

"这是什么呀?"

老摊主一边以手用力地把那一大团泥褐色的东西一块一块地捏开，放进透明的塑胶袋里，一边说：

"是椰枣!"

我曾见过新鲜的成串的椰枣，也曾看过熟透的颗粒状的椰枣，但从来不曾看过这种烂泥状的椰枣，在征得老摊主的同意下，我取吃了一点，它的味道，和熟透了的椰枣略有不同，除了甜，它也香，有点像我们过年时所吃的年糕，我想，这种甜品大概是当地人把熟透的椰枣捣成烂泥状送进炉子里而烘成的，阿拉伯人很喜欢以此来款待客人。

椰枣是沙特阿拉伯最主要的出产之一，年产量为 25 万吨，居世界第 4 位。据说全国各地总共种植了 700 万棵，但奇怪的是，在吉达居住了 3 个多月，我虽曾到处去逛，但始终见不到一棵椰枣树，经过多方探询，我才晓得：红海沿岸一带，湿度过高，不适合椰枣树的生长。椰枣生长力强韧，在干燥的地方，只要气温不低于 10℃，它便可以生长了——当然，气温越高，它也长得越茂盛。在生长的过程中，它所需要的水分极少，沙特阿拉伯的水虽然含有盐分，但也不妨碍它的成长。

我是在距离吉达 1000 多千米的首都利雅得（Riyadh）到那令我惊叹不已的椰枣园的。利雅得位于沙特阿拉伯中部，气温通常都在 38℃以上，热得不得了。由飞机场驶向旅馆的那一段道路，几乎处处可见椰枣树——泥道的两旁、马路中央的分界石间、圆圆的交通岛上，都是。这些椰枣在烈阳的照射下，都枝弯叶垂的，显得了无生气，最令我失望的是，树上都没有结出美丽的果子。

抵达利雅得的次日早上，我们驱车到离开市区约 8 千米的古老废墟去参观，在那儿附近，我终于看到了久已想看的椰枣园——结实累累的椰枣园。

那个古老的废墟 AIDiriyal，是从前阿拉伯人在沙特阿拉伯的第一个立足点，经过几百年后的今日，处处尽是断墙残瓦，透着久无人迹的荒凉与清冷。废墟旁立着一个大牌，上面以英文和阿拉伯文写着"准许拍照"。

过去，为了拍照，我曾经碰过不少的钉子，现在，晓得在这儿可以"明目张胆"地拍，我自然大喜过望。我们尽情地看，尽情地拍，看足拍够以后，正想登车回返利雅得时，J 却指着远远一个低凹的地方，说道：

"咦，那不是椰枣园吗？"

我飞快地跑过去看，没错，那正是椰枣园！几千棵椰枣，一行行，一排排，整整齐齐地立在干燥的土地上，有的高高细细，瘦瘦长长的，像椰树；有的则粗粗壮壮，矮矮胖胖的，像足了棕榈树。原来翠绿的叶子，都被天上那个大火球烤得黄黄的。一大串一大串颜色鲜丽的椰枣，就从树干顶端的中心部分活泼地跃出来，沉甸甸，重夯夯的，每棵树最多的有 10 多串（一般只有五六串），每串多达几百颗，红得夺目而黄得抢眼，可以说得上是满树璀璨！

这些美丽得使人屏息的椰枣树，全都围在 2 米来高的米色龟裂土砌围墙内，我站在围墙外的高地上，双脚好像生了根，双眼好像着了魔，看了又看，看了又看，心里涌满了对造物者的赞叹，赞他在贫瘠的沙漠区长出那么美丽而又那么美味的果子！

莱蒙湖畔鸽子飞

黎先耀

我们到德国去，在日内瓦换乘瑞士航空公司的客机。曾看到那里自由地飞翔着成群的鸽子，有些还悠闲地在广场上踱步啄食。使我惊奇的是，连路旁几棵高大的行道树上，也栖满了美丽的白鸽。

待我走近树下仔细察看，不禁失声笑了出来。原来停息在枝头的白鸽，还是我们的同胞——珙桐花。他国遇故人，心里特别感到热烘烘的。我初次结识珙桐花，是在她家乡的峨眉山半腰上。

有一年初夏，我随四川博物馆的一位同行，到峨眉山采集生物标本，在九老洞附近的山上，看到了一片10多米高的珙桐树正在开花。看到巴掌大的花，好像展翅欲飞的鸽子。满树的花，大多是洁白的，也有些莹绿的或棕黄的，散发着一股似有若无的清香。阔大的树叶，密密地生在枝干的上部，形成了圆锥状雍容丰硕的体态，我们连花带叶剪下几枝，压到标本夹里。原来一般人们当做花看的鸽翅，其实并不是它的花冠，而是对生的苞片，为叶的一种变态；只是那两瓣大苞片中间鸽头似的圆球部分，才真正是它的花序。苞片初放时呈淡绿色，接着变为乳白色，最后渐渐枯黄、凋落。因为珙桐开花时像鸽子，它的俗名就被称为鸽子树。

我在树下腐叶堆中，拣到了几枚梨状小核果。我的伙伴告诉我，那是珙桐去年掉下的果实，当地人把它叫做"水梨子"。它的含油量不低，据研究可作工业用途。近些年来，用珙桐的近亲喜树，提炼出了抗癌药物。因此，人们对从它身上找到疗效更高的抗癌成分，也寄予厚望。由此，我才知道珙桐不只是一种很优雅的观赏植物，还有一定的经济意义。当然，珙桐的主要价值，还在于它是地球上第四纪冰川时期的孑遗植物。百万年前原在世界上广泛分布的珙桐，后来只在我国四川峨眉山、贵州梵净山和湖北神农架等狭窄的特殊环境中，保存了劫后余生的后裔。这种活化石，同我国幸存的水杉、银杉等古老植物一样，具有重要的科学意义。可惜的是这样珍稀的树，如今反比往昔减少了很多。

在日内瓦的候视室里，我与一位同机的我国驻外人员，谈想瑞士看到的中国鸽子树。他告诉了我一个关于珙桐的美谈。那是1954年春末，我们敬爱的周总理到日内瓦来参加国际会议。他老人家在折冲樽俎的紧张斗争之暇，漫步在雪峰映照的莱蒙湖边，非常欣赏那里几棵满树盛开着素洁白花的乔木。侨居异国的鸽子树，也许因为看到来自祖国的总理，激动得如同一群群白鸽，迎风飞舞起来。当总理了解到这种风度翩翩的观赏树木，原来还是从同阿尔卑斯山自然条件相仿的峨眉山引种去的时，曾要求我国的林业工作者对这种珍贵树木进行研究并加以发展，以便让珙桐在生产上和科学上都做出贡献。

我国的林业科技工作者和工人，遵照周总理的指示，曾做过多次珙桐的播种和扦插的繁殖试验，在神农架山区培育起了一批树苗。经过10年浩劫，在中国社会历史上一次扼杀生机的"冰川时期"，珙桐也遭受了惨重的破坏。在科学的春天重新到来的时候，残存的珙桐又渐渐地复苏。最近我国的一位著名植物学家发出了救救我国濒危植物的呼吁。在他所建议的关于国家保护植物的"红皮书"中，这绿色的熊猫——珙桐，也是名列前茅的。

记得那次登峨眉，在洪春坪小憩时，一个爱摆龙门阵的卖茶老和尚，给我们讲了一个关于珙桐的传说。李白年少时，曾在峨眉山拜一位高僧为师，练弹琴，习舞剑，学吟诗。学成之后，这位心雄万夫、倚马万言的诗人，仗剑抱琴，背负自己的诗卷出川。他到了江陵，抱着满腔热望，去揖访当时以能识拔后进而享有盛名的"韩荆州"。李白抚琴舞剑，呈献诗篇，作为晋谒之礼，以期得到知遇。不料结果非但未被推荐，还横遭毁谤。这位怀才不遇的陇西布衣，悲愤不已。一天李白又醉倒江边，醒来发觉身旁的琴剑诗书，俱已不翼而飞，寻觅无踪。从此，峨眉山上，月夜在清音阁可以听到仙蛙弹琴，雾日在金顶可以看到宝光剑影。李白的诗笺，则纷纷飞回九老洞的珙桐树上，变成了一片鸽子花。这就是鸽子花为什么像是纸做一般的来由。

　　现在，为了保护自然资源，维持生态平衡，我们总不能再以徒有虚名的"韩荆州"的态度，来对待珙桐了啊。中国的侨民——鸽子花，能为被称作"世界公园"的瑞士湖山增添秀色，那也是应该高兴的。可是，中国的精华，常常要先为外国所赏识，才能得到自家的重视，这就值得我们深思了。如果对已为国际视若珍宝的奇葩异树，我们今天还听其自生自灭，不加保护和发展，那珙桐的命运就真如同传奇中的李白那样，虽然金殿醉草蛮书，折服番使，仍不能为国所用了。这也许是由于他们的性格都太不随俗，同样地孤傲和狷急吧。

　　但愿美丽的鸽子花，能飞遍世界。首先要让它在祖国土地上繁荣起来，不能使日后从莱蒙湖飞故国的鸽子花，找不到它们的亲人啊！

花坪银杉

唐锡阳

1981 年 11 月从桂林出发，乘汽车到龙胜各族自治县，第二大再乘车到三门公社，然后沿着南面的峡谷步行约 20 千米，便到达了天平山——花坪自然保护区管理处。

花坪林区地层古老，地形复杂，气候殊异，风貌原始，繁衍着众多的、古老的、特有的植物和动物，人们称其为"大自然的秘室"。而首先打开这个"秘室"大门的，是银杉的被发现。这是 20 世纪 50 年代的一个"国际珍闻"，花坪也因此成为我国最早的保护区之一。

管理处负责人告诉我，广西植物研究所 1979 年做过调查，这里共有银杉 1040 株，分布在 6 个点上，最多的 300 多株，最少的只有 1 株。我考虑了一下，把采访的目标选择在两个点上，一个是银杉植株最多的地方——野猪塘；一个是生长着世界最大银杉的地方——伍家湾。

这里离粗江约两个小时的山路，是最早发现，也是银杉最多的地方。银杉生长在海拔 1340～1460 米之间。这里虽然地处中亚热带，但夏季凉爽，冬季降雪，温度最低可达零下 7℃；终年云雾缭绕，雨量多，湿度大。我留心观察一下，几乎所有的银杉都生长在悬崖陡坡上。这可能和它喜欢阳光，需要潮湿而又排水良好的生活习性有关。在银杉的周围，总伴生着一些特殊的植物，和它齐头并进的五针松或福建柏，都是仪表不凡，身材魁梧，组成自然景色的佼佼者；在它的下面，差不多都生长着花坪的特有植物——变色杜鹃；再下面就是一层柔如地毯的苔藓、地衣和呈酸性的腐殖土。这就是银杉的生态环境。向导告诉我，离开这些特定的环境，在花坪就几乎找不着银杉；已经成长的银杉，也很难离开这样的环境。

我从高大美丽的银杉上，看到了许多科学实验的痕迹。树上挂着不同的标牌，有些树枝上裹着高空压条繁殖的塑料包。有几株大树上挂着红布条和铜片，向导告诉我，这是利用红颜色的撞击声来吓唬松鼠，因为松鼠危害球果太严重，有时一株母树上找不着几个球果，全被松鼠偷走了。从这里，向导又谈到银杉的自然更新能力很差。银杉残存的个体少，生活力弱，适应性差，生长缓慢，结实期晚，发芽率低，再加上阔叶林的优势，林地郁闭度大，光照条件差，病害多，兽害严重，幼苗很难成林。在这里，我们还能看到一些幼苗幼树，据说在四川、湖南、贵州那几个地方，就更难看到幼苗幼树。所以这种珍稀植物，即使排除人为的破坏，也有被自然淘汰的危险。

我们始终是沿着一个陡坡的边沿前进，有几处像"老虎嘴"似的地方确实惊险，头上是高耸入云的峭壁，脚下是深不可测的绿色深渊，再加上灰雾吞吐其间，时隐时现，更增加了恐怖的气氛。由于地势陡峭、岩层厚实、土层浅薄，路上确实看见不少去年被大雪压倒的树，而且都是几十年、上百年的老树。像桌面或扇面似的盘根，就随着躺倒的树干侧立在那里。有些树太大，搬不动，我们只好从上面爬过去，或者从下面钻过去。有些树成了我们的扶手，保障了攀援前进的安全。

耳边响着粗江的咆哮，但始终见不着粗江。直到走了约两个小时，又下了几个陡坡，终于来到了江边。这是一条古老的、原始的、落差很大的溪流。两岸岩壁耸立，林木蔽天，再加上天阴雾大，还不到中午却好像已是日薄西山的黄昏。因为两岸无路可循，我们就脱下鞋袜，卷起裤腿，涉水踏石而上。这里所以叫粗江，是指满沟的石头又粗又大。不论是水面上的还是水底下的石头，经过常年流水和青苔的润滑，都好像抹了一层油似的，再加上 11 月中旬的水温，我们光着脚走这么 500 多米的路，实在是个难以忍受的痛苦。但更大的困难还是上岸以后的爬坡。路已经不存在了，只有前面民工"开路"砍过的树枝和留在树上的刀痕，这便是指引我们前进的路标。这是一个望不到头的直上直下的陡坡，中间几乎没有迂回或缓冲的余地，惟一的依靠是稠密的林木和灌丛，必须抛弃手杖，腾出手来攀援而上。有几个地方无处可抓，民工就砍根带杈的树枝勾在那里，或是系根野藤吊在那里，向导就扶着我拽着树枝或野藤爬上去。经过将近两个小时的苦战，终于爬上了这个使人胆寒的高坡，再下到白水滩。一场冷雨又把我们浇得像落汤鸡似的。

此情此景，反而给我一种喜悦，一种联想的、启迪的、探索的喜悦。我有固定的目标，有现成的路线，有民工在砍路，有向导在搀扶，我还感到苦不堪言，那么当年发现银杉的科学工作者，又将是怎样一个情景呢？

银杉的发现者，是广西科学院副院长钟济新教授。

27 年前，钟老和他所率领的科学考察队连续三次考察，才发现了银杉。那时候不要说花坪，就是现在已成为交通要道的宛田，当时也很少有人去。1954 年暑假，钟老第一次带着学生去采集标本，就只到了宛田。有个老人告诉他，解放前有往贵州偷运鸦片的人说，从这里进去 50 多千米，有片古木青山，什么奇花异草都有。因此在春寒料峭的寒假，钟老第二次深入到红滩，发现花坪地区确实是个未染人烟的生物宝库。当时他是华南植物研究所广西分所（即现在广西植物研究所）的副所长，当即给华南植物研究所打了个报告。第二年组织了更大规模的科学考察队，他任队长，一直深入到花坪林区的腹地。队员邓先福首先挖到一株幼苗，高兴地对钟老说："我找到了一棵油杉！"钟老心想油杉不会分布在这个地方，仔细一看，不像油杉，可能是个新种，连忙问找到大树了没有。邓先福说，山太陡，雾太大。这时候向导刘继信提供了重要线索。他是解放前从湖南逃荒过来的农民，生活还没安定，又要逃壮丁。国民党封了他的家，他和兄弟只好躲到深山野林里，以狩猎为生，所以他到过很多没人去过的地方。他告诉钟老，他见过一种杉不像杉、松不像松的树，又高又大，爱和狗尾松（五针松）长在一起。钟老信心更大了，就发动队员投入了寻找新种的战斗。1955 年 5 月 16 日，他们在红崖山南坡采到了带球果的枝叶。这就是我在广西植物研究所看到的"00198"模式标本。后来由植物分类学家陈焕镛和匡可任鉴定，是新属新种。因为它叶子像杉树，叶背有两条银白色的气孔带，微风吹拂便闪闪发光，故定名为银杉。苏联植物学家苏卡切夫刚好来中国看到银杉的标本，发现和苏联的一种植物化石很相似，在德国、波兰也有这种化石，才知道银杉原来是一种"活化石"。

远在 1000 万年前，地质时期的新生代新第三纪上新世，银杉属植物曾广泛分布于欧亚大陆。到了第四纪，由于气候变迁，冰川降临，银杉和许多动植物一样遭到浩劫，人们认为它早已绝迹了，没想到在中国又奇迹般地被发现了。中国在被译为 China 之前还有一个古老的英译名，叫 Cathaya。科学家为了说明银杉是中国特有的古老植物，就把它的拉丁文学名也叫做 Cathaya。有些外国植物学家来中国旅行，最大的愿望是想亲眼看到 Cathaya。

自从花坪发现银杉以后，在四川的南川县、湖南的新宁县、贵州的道真县又相继发现了银杉。据不完全的统计，全国共有银杉 2300 多株。（注：1985 年和 1986 年又相继在广西的大瑶山区和湖南的资兴、桂东县发现了大片的银杉。）不过，从银杉的首先发现、资源最多、植株最大来说，花坪仍然是首屈一指。

发现了银杉，是不是探索银杉之路的终结呢？不是，从保护、抢救、开发的意义来说，银杉的发现不是终结，而是开始。说起银杉，自然会联想到大熊猫。它们都是誉满中外的"活化石"。但一切事物都有个发生、发展和消亡的过程，这些孑遗的物种已经度过了漫长的历史岁月，各种走向衰败的迹象诸已暴露，如果再不施加人的影响，就有退出历史舞台的可能。这就是科学家的探索之路。应该说，这条路比发现银杉更艰苦，更漫长，更需要胆识与魄力。

我从粗江回到天平山，再翻过一座大山，来到了红滩。这里孤零零一个小村落，就是广西植物研究所的实验站。他们的工作，就是接过前辈科学家的火炬，继续探索银杉之路。

红滩不是银杉分布的地方，这里却生长着人工播种的银杉幼苗。有两年生的，4年生的，5年生的，6年生的，一场浩劫腰斩了11年，所以还有6株17年生的。最高的一株已达3.5米，而去年播种的幼苗只有三四厘米高。此外，还有高空压条成活的苗。把所有这些树苗加起来，大约相当于全国野生银杉的总数。据说几年前，有个外国人愿意以一架三叉戟飞机来交换一株银杉幼苗。如果照此类推，那么这个不大的山坡，已经相当于一个亿万富翁的财富了。

银杉是个很有前途的树种。它是四季常青、高昂挺拔、名贵优美的风景树，这是建筑、造船、枕木、家具的优质材，它的树皮、树叶、果壳含有药用成分，它的种子含油率相当高。总之，它的用途很广很重要，但是它的头上戴着"珍"、"稀"、"危"的帽子，就跨不进"用"的行列。现在人工播种基本上过了关，下一步的工作是如何使它长得快。高空压条、修剪、施肥、施生长素是一个办法，湖南用湿地松做砧木大批嫁接银杉成功也是一个办法，或者还有更好的办法。

戈壁英雄胡杨树

周 宏

从新疆天山南麓乘飞机向南飞越塔克拉玛干大沙漠，在茫茫戈壁北缘，有一道宽数十千米的原始森林带，这就是闻名中外的胡杨林。

胡杨是古老的珍奇树种，属杨柳科，在我国古籍中称胡桐。清代一位诗人在一首《胡桐行》诗中云："交柯接叶万灵藏，掀天踔地纷低昂。矮如龙蛇欻变化，蹲如熊虎踞高岗。嬉如神狐掉九尾，狞如药叉牙爪张……"以夸张的形容和比喻，将胡杨林中胡杨的千姿百态做了传神的描述。

胡杨能在沙漠中生存，是由其自身特性决定的。它作为沙漠中惟一天然成林的树种，除有较强的抗旱能力外，还以抗盐碱著称。由于沙漠中水源极缺，胡杨的树根有一层很厚的皮，可以保护树根在干燥的黄沙中免遭损害，还能防止发生反渗透性失水。据研究，通常情况下，胡杨的躯干和树根含有 50% 左右的水分，这些水储存在胡杨体内，对在干旱的条件下生存起着重要的调节作用。我曾见过在砍伐胡杨时，断面能像泉眼一样冒出大量的水。不过，胡杨体内的水，人却无法饮用，因为其中含有大量的盐。《本草纲目》中所称的"胡杨泪"，便是从树皮裂缝外溢的淡黄色结晶。

沙漠中生有原始森林，不仅在我国绝无仅有，在世界上也属罕见。

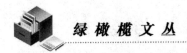

近年来，随着到塔克拉玛干大沙漠旅游的中外人士增多，胡杨林愈发显示出其特有的魅力。位于从戈壁南缘沿克里雅河深入沙漠腹地的"绿色飞地"，连同"飞地"中的达里雅布依村，已成为旅游的热点。德国一位教授感叹："我到过世界上许多大沙漠，从未在大沙漠腹地见到如此迷人的景色。"由于有胡杨生长，使得野生动物有繁衍的条件，游人穿行在胡杨林中，见到野兔、狐狸亦不足为奇。而置身戈壁之中，面对蓦然矗立的胡杨林，更给人以无边的联想。难怪在维吾尔语中，称胡杨为"托克拉克"，意为最美丽的树。而在治沙工作者眼中，胡杨被赞誉为"沙漠英雄树"，堪称当之无愧！

神奇的桉树

[美] 荷奇松

桉树属于桃金娘科，是一种古老的植物，科学家曾在大约 3400 万年前的化石中发现了它的花粉。目前世界上的桉树共有 600 种之多。这种树的树皮的颜色和结构都变化极多。例如，柠檬桉的树干光滑、斑驳，粗皮桉的树皮是棕色的，而且又粗又厚。桉树的蒴果有些大得直径达 10 厘米，也有些小得只能勉强看到。虽然这种树能活几百年，但绝大多数树种都不能区分出明显的年轮，要辨别它们的年龄是很困难的。几乎所有的桉树在成年之后，树叶与树皮的形状都会完全改变。桉树的花什么颜色都有，除了蓝色，有些桉树在澳大利亚又叫树胶树。树胶树这个名字是英国驻澳大利亚的第一任总督阿瑟·菲利普于 1788年创造的，因为桉树的皮割破后，会有糖浆般的树脂流出。因此桉树虽然不是真正产树胶的树，它的这个别名却流传了下来。1788 年，法国植物学家布鲁泰在研究了库克船长在第三次航行中带回来的标本之后，将这种树正式定名为桉树。

澳大利亚土著人的原始生活在很大程度上依赖于桉树和桉树林，在桉树林中狩猎，用桉树制作各式各样的物品，例如矛、图腾、摇篮和庇护所等。在欧洲人懂得用桉油制造药物之前的好几千年，澳大利亚土著人便已懂得用桉树叶来制造防腐消毒剂了。将桉树叶举起对着光线，便可见到叶中有许多透明的小点，那就是桉树叶的腺点，桉油便储藏在这些腺点里。桉油的用途极广，可用来配制香水、消毒剂、驱蚊剂、洗涤剂、治鼻塞剂和糖果调味料等。

桉树在逆境中具有很强的拓殖能力，常常在别的树不能生长的地方安家落户，如土壤极贫瘠、雨量极少的地方。因此，它们对第三世界来说是一种宝物。据估计，目前第三世界有15亿人用桉树木材烧饭和取暖。桉树就使埃塞俄比亚的自然景观发生了很大改变，差不多所有的树都是桉树。

在世界100多个国家里，桉树有着各种各样的用途。以色列利用它们帮助开垦含盐的沼泽地；南非那些面积广阔的桉树人工林生产建筑用材、纸浆和矿井支柱；巴西的桉树人工林是全世界面积最大的，总共有9亿棵，几乎覆盖着被砍伐已尽的雨林迹地。

虽然许多国家的植物学家都对澳大科亚按树具有浓厚兴趣，可是早些时候澳大利亚本身却不够珍视桉树的价值。早期的白人移民认为桉树是发展农业和牧业的障碍，砍掉了不少高大的桉树。

澳大利亚桉树还受到另外一种开始不为人所觉察的威胁，那就是使桉树慢慢地从上到下枯萎的"枯梢病"。澳大利亚新南威尔士州新英格兰地区已经受到这种病的严重打击，在一个长260千米、宽50千米的地区，郁郁葱葱的桉树林如今只剩下枯树。在西澳省，赤桉得枯梢病的主要原因是根部受到一种在土壤内传播的真菌危害。而在其他地区，病因更为复杂。

保护桉树林不但对人类重要，对多种动物的生存也是至关重要的。桉树有"大自然宿舍"之称，树的下部住着许多昆虫，在较高的地方，有鸟巢育雏，还有澳大利亚特有的动物如树袋熊（即考拉）就是以桉树叶为食。在开花季节，蜜蜂会来采花蜜。当白蚁蛀空的树枝断落，树干上出现空洞时，各种鸟便会迁入洞内栖息，如鹦鹉、猫头鹰、游隼、翠鸟，蝙蝠亦来树洞中居住。澳大利亚有三分之一的鸟类和半数以上的森林哺乳动物都是以老桉树的洞为巢穴。

澳大利亚桉树林最容易发生森林火灾，它们那些含油的落叶与断枝在森林中遍地皆是，提供了易燃的物质条件。可是，桉树最出类拔萃的特点竟是它们极耐火烧。它们不但适应了那些横扫郊野的大火，而且有些桉树实际上还欢迎大火的光临，需要火的高温才能繁殖。

1983年，澳大利亚发生了一场灾难性的森林大火，烧毁了近5000平方千米的桉树林，那些桉树都被烧得枝叶全无，树干焦黑，看上去全无生气，似乎已不可能再复活了，可是事隔一年当人们回来重建家园时，发现一点点的绿芽已从烧焦的树干中钻了出来。桉树这种生命力实在令人赞叹，难怪被人们称之为神奇的树木。

（钱星博　译）

巨人柱与王椰树

[智利] 加夫列拉·米斯特拉尔

巨人柱像是贫瘠的呼声，像是干旱土地的千渴的舌头。即便是在灌区的平原上，他也是寡欢的植物。他那固执的肃穆宛如全神贯注的痛苦*。

巨人柱形如火炬，又如挺直的臂膀，于是便具有了人性。他孤独地挺立着，如同瘦骨如柴的苦行者，在墨西哥平原上修行。巨人柱四侧的沟痕使他显得更加完美和谐。

他绝非幸运的植物——倒如翠竹或白杨，他们的枝叶像是"大地的欢笑"。巨人柱可不具备会抖动的活生生的树叶，树干上更没有由树枝形成的适合小鸟筑巢的温情的三角形树杈。

由于酷热，他那碧绿的颜色，只是在顶端才稍稍有些发白。他的果实就是殷红的碧达雅。

巨人柱具有修道院式的自愿的淡漠，他冷峻地面对天空，空中飘过悠悠白云。

他孤独耸立时具有高贵气质；组成长长的篱笆时便显得丑陋，带着家仆的悲伤，路上的尘埃把他染白。

然而他甘于奉献，使我不禁亲切地看待他。他守卫着印第安人的菜园，那古老的阿斯特卡人的地产。他们簇拥着，排成小小的方阵，为这不幸的种族守卫着小块土地，可从前这些人是整个大地的主人，而现在，他们只有太阳——他们的上帝，还有阵阵清风——羽蛇的气息。

顽强的巨人柱，坚忍的巨人柱，捍卫你那古老的印第安兄弟吧！他们是那样温和，连敌人也不会去伤害，他们是那样孤独，正像一支巨人柱，耸立在小山之巅。

王椰树比其他植物更直率地追求太阳，她在阳光照耀下，比任何树木都更加欢畅。没有任何树干像她那样，裸露的美妙的树干沐浴着光明；中午时分，犹如一支沾满炽烈花粉的巨大雄蕊。

王椰树有如一只酒杯，一只威尼斯酒杯，秀颈是那样颀长，顶端仅仅是个小小的、水晶的裂口。枝叶在高处形成宽敞的树冠，是那样地完美而又多愁善感。风，在她那里乐滋滋地听着自己的声音。有时，那羽状树叶相互撞击，声音干巴巴的，有如坚实的蜡烛，有如硬邦邦的岩盐；有时，在清风中，又像是数不尽的欢笑；有时，声音中充满少女的窃窃私语，那是一群姑娘在讲悄悄话……当风儿静止时，王椰树微微摇摆，好像母亲在摇晃婴儿（因为高高的树冠全然像母亲的怀抱一样）。

植物的一切形态都有人性。白杨象征着渴望；白蜡树和橡树好像波阿斯和亚伯拉罕式的族长，从那千千万万串密集的籽粒中滋生出许多植物的家族。王椰树的名字恰如其分，是从大地上耸立起的最纯洁的形象，是浮现在风景浅浮雕中最完美的造像。

这热带无比湛蓝的天空伸展开来，仿佛只是为了充分地衬托王椰树的优美身姿，仅仅是为了使那帝王般的线条更加清晰。

其他树木不该伫立在她的身旁，即便是松树，在她身旁也显得不够潇洒；连那圣洁的南美杉也显得逊色。还应当清除她四周的灌木，因为它们会挡住视线，使人看不到那样高贵的树干如何拔地而起。

人们常常大不敬地把王椰树种植在原野和山坡上，让她在平原和高原上生长，让她突出在景色之中，任她那颀长纤细的脖颈沐浴着阳光。

且不提她的果实，仅仅那湛蓝的天空衬托下的身姿，就足以令我们陶醉。为报答她占据的一小块土地和饮用的清水，这圣洁的树便提供给我们午后的阴凉，让我们坐在树下听她高声吟唱，愉快地观赏着黄昏中伸展在王椰树后面渐渐变得苍白的天空。她还使我们懂得，直线同她的姐妹——曲线一样，也是优美的，只要这直线在湛蓝中完全勾勒出我们心中埋藏着的对祈祷的渴望姿态，那么，不管是高山，还是人们纤细的臂膀，都比不上这渴望的姿态纯洁。

有人从大海里找到了一种精神的准则，也有人从浓荫密布的山麓和积雪消融的山巅找到了这种准则。更具有真正的精神准则的，难道不是王椰树吗？她比高山更敏感，比大海更朴素。

当她拔地而起时，便比高山更少地倚赖大地，也不像高山那样猛然由大变小。她使粗犷的野景变得秀美，她那繁茂的枝叶是一个整体，成为庄严的象征。破坏了田野景色的那些粗俗的杂树——荆棘和灌木，好像一群不幸者，有她的装点，也显得美丽。

王椰树耸立在地平线上，有如往昔的雅典娜，主宰着人类。

她的平和源于她的整体和完美（大自然造就了如此完美的线条，便可以心安理得地依傍在她身边休憩）。我们的眼睛望着她也可以得到休息，而不必去顾盼那些无用的繁枝杂叶。当我们快乐地以亲切的目光注视着她对，脑子便集中在肃穆的凝思之中。我们真愿意像她一样，只想奋飞，只有一个愿望，有如那投枪，向上，向着那高尚的人生。

若没有那绿色的会唱歌的羽冠，她便是冷峻的，而树冠的欢快却集中地洒在树干上。那舒展的和蔼的树叶，好像在抚摸着风。王椰树宛如一股凝思，在树梢不仅没有消失，反而变得思绪纷繁，或者宛如充满爱恋的久久的沉默，终于爆发成倾诉不尽的千言万语。

古巴和墨西哥的王椰树，所有的诗人都吟咏她，所有的画家都描绘她。王椰树给被奴役的黑人和印第安人一把能得到安慰的摇椅；王椰树让他们的悲叹淹没在自己无数的叹息声中，免得他们的悲叹被人听见。

墨西哥印第安人钟爱王椰树；在瓜达拉哈拉，人们把王椰树描在陶罐上，还把这种陶罐带在身边；他们身姿挺秀，与王椰树有某些相似之处。也许王椰树用她的身影将甜蜜注入了他们的秉性之中，印第安人外表简朴，好像是受了这庄重的树的影响。

椰子树像雅典娜一样，不仅是智慧女神，还要有益于人类；她的果实，就是那椰子，壳内的白色果仁好像人的手掌，掬满颤动的汁液。果仁含油，这便使椰子树如同她的兄弟橄榄一样，成为一种真正的宗教之树；此外，从椰树干上很容易取出汩汩涌流的蜜汁。

而椰枣树呢？那成串焦黄的果实，颜色犹如沙漠一样。椰枣里凝聚着光明，像嬉戏的孩子那样欢快地落在休憩于椰枣树浓荫下的贝督因人的脸上。

美洲的椰树堪称印第安人的神仙，犹如椰枣树是阿拉伯人的天使。她应当是一位仙女，信徒们一见她的身姿便想起涂油礼：她伤痕累累的手上满是柔润的油脂，而她身上溢出的蜜汁，犹如压抑着的、充满痛苦的情话。

一个走遍世界各个角落的人，在他生命的最后日子里可以说："我

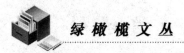

已见过世界上最崇高的事物。玉椰树的浓荫早已罩在我的脸上，我也触摸到了她那永恒的脖颈。"

    ＊巨人柱是墨西哥常见的一种巨型的仙人掌，高达十几米。由于其形状像教堂里的管风琴，墨西哥人称之为"管风琴"。

（段若川　译）

梦中的橄榄绿

草 童

没有一片云，没有一丝风，太阳像一团烈火烘烤着西班牙高原。田里的小麦被烤黄了，路边的野草被烤黄了，惟有满山遍野的橄榄树撑起一把把遮阳伞，给大地增添了许多喜人的绿色。这就是西班牙的旱季景象。

我们中国新闻代表团正是在西班牙的旱季，于2001年当地时间6月19日下午7时抵达首都马德里的。代表团10人中没有一人懂西班牙语，一下飞机，人家叽里呱啦地说话，我们一句话也听不懂，急得脑门儿直冒汗。走出机场，热浪袭人，心里七上八下地打着鼓，不知还会遇到什么难题。

忽然，从接机的人群中闪出一位黑头发、黑眼睛、黄皮肤的中年女士。她快步向我们走过来，嗓门儿挺高地用汉语说："你们是新闻团吧，我叫刘建馨，是来接你们的。走，车在那边等着哪!"从这天起，她便担任了我们的向导和翻译。

从交谈中得知，她是北京人，出国前是搞工艺美术的，曾在山西省晋南地区插过队，来西班牙已经15年了。原先她在一家餐馆打工，后来开了家竹园餐馆，现在开办了西班牙凯利飞企业有限公司，经营机械设备、贸易、进出口、旅游等，买卖越做越红火。她还积极参加社会活动和中西文化交流，现任西班牙王国北京会会长。

6月21日，我们在参观马德里市容时来到了西班牙广场。广场上矗立着西班牙作家塞万提斯高大的纪念碑和堂·吉柯德塑像。堂·吉柯德是塞万提斯小说中的主人公，他的塑像也是一派神气的骑士风度。在塑像两旁，有几株生长茂盛的橄榄树。一见到橄榄树，陪同我们参观的刘建馨女士兴奋不已地向我们介绍说："这是橄榄树，西班牙的橄榄树，每年都结好多好多的橄榄，我特别喜欢这种树。"

我指着橄榄树上的青果问："这是商店里卖的那种能吃的橄榄吗？"

她一摇头："不，这是油橄榄，不能吃，特别涩，是用来榨油的。"*

我又问："这种橄榄油能吃吗？"

她说："能吃呀，炒菜，拌、炸什么的都行。这种油不含胆固醇，可软化血管，防止心脑血管疾病，帮助消化，还有防癌作用，也有利于钙的吸收，这种油可好了。"

我很纳闷，一个女人，她怎么对橄榄树这么痴迷？于是，几天后在从马德里开往巴塞罗那的汽车上，我们又聊起了橄榄树。

我问："西班牙怎么这么多的橄榄树？"

她略加思索地说："这和西班牙的地理、气候有关系。西班牙是一个高原国，属地中海气候，分旱季和雨季，日照时间很长。前几年，西班牙连续8年大旱，别的树有的早早死了，而橄槐树硬是扛过来了。它好管理，产量高，寿命长，管得好的话能活1000多年呢。可以说，橄榄树是造福子孙的摇钱树。"

接着，她又津津有味地讲起了西班牙橄榄树的历史：

"西班牙种植油橄榄树已经有上千年的历史了。据说，人类栽种油橄榄树是在公元前18—12世纪，后来由罗马人从希腊把它带到了西班牙。现在，安塔路西亚地区种植得最多，人们称那里是西班牙橄榄树的老家。现在，西班牙平均每年产橄榄油 6 亿升，是世界上第一大橄榄油生产国和出口国，橄榄油成了西班牙的名牌产品。"

我又问："在西班牙有不少开花飘香的树，你为什么对橄榄树情有独钟呢？"

她一听乐了，风趣地说："这橄榄树和我有缘分。"接着，她讲述了一段对橄榄树先恨后爱的往事。

"1994 年，我的公司在哈恩省经营排灌机械，并参与了当地的打井抗旱。有一天，钻机刚移到一个新地方，部门经理邀我到那里去看看，说那个地方靠近国家森林公园，景色美极了。我次日开车出发，原本 3 个小时的车程，可到了哈恩省，那些橄榄树让我吃尽了苦头。"

她理了理短发，陷入了深深的回忆："那是一片橄榄树的茫茫林海呀，为抄近路，我舍高速公路而走小柏油路。可汽车跑了 4 个小时还前不着村后不着店，我迷了路。好不容易才找到一户人家，经指点才找到了方向，又开车 20 多分钟才走出了林海。咳，这该死的橄榄树，让我饿着肚子跑了一天。"

可是，自从认识了这片橄榄树的林海，却让她苦苦思索了整整一年。

"第二年，我又特意开车进入了这片林海。我关掉移动电话，沉醉在林海，思索在林海，家人和朋友找不到我，都以为我失踪了。我在林海中整整转了 6 个小时，你猜我想什么来着？我在林海中想的是我的第二故乡——山西省晋南地区那片辽阔的土地。我看这里的气候、土壤与山西省晋南地区差不多，就想把橄榄树种到我的第二故乡。这次进林海是来考察的，不仔细点儿哪成！"

经过一番考察，她心里有了一个周密的计划。她想，应该先把橄榄树苗带回山西省晋南地区进行试种。于是，她趁回国探亲的机会，在得到允许的情况下，把两棵橄榄树苗带到了晋南地区。

她悄悄地告诉我："经过精心地培育，当年那两棵小苗苗现在已经枝繁叶茂，在我的第二故乡深深地扎根了。"

据说，目前她正在进行着一个项目，就是通过两国政府进行项目合作，让西班牙的橄榄树在中国西部地区大面积地种植、成长、结果，让油橄榄造福千千万万西部人。

汽车在公路上奔驰着，眼前不断闪现出一行行、一片片美丽的橄榄绿。触景生情，我不由地哼起了那首《橄榄树》——

不要问我从哪里来，

我的故乡在远方。

……

为了天空飞翔的小鸟，

为了山间轻流的小溪，

为了宽阔的草原，

……

还有，还有，

为了梦中的橄榄树……

＊中国产橄榄属橄榄科常绿乔木。油橄榄即"洋橄榄"，又称"齐墩果"，属木犀科常绿乔木，原产地中海一带，还是西方的和平象证，我国现已引入栽种。

三、鲜蔬佳饮

春菰秋蕈总关情

王世襄

戢戢寸玉嫩，累累万钉繁。

中涵烟霞气，外绝沙土痕。

下筋极隽永，加餐亦平温。

这是宋汪彦章的食蕈诗。"蕈"通"菌"，或称蘑菰，亦可写作蘑菇，其味确实隽永，且富营养，是厨蔬无上佳品。我素嗜此物，尤其是春秋两季野生的，倍觉关情。

记得十一二岁时，随母亲暂住南浔外婆家。南浔位在太湖之滨、江浙两省交界处。镇虽不大，却住着不少大户人家。到这里来佣工的农家妇女，大都来自洞庭东、西山。服侍外婆的一位老妪，就是东山人。她每年深秋，都要从家里带一瓮"寒露蕈"来，清油中浸渍着一颗颗如纽扣大的蘑菇，还漂着几根灯草，据说有它可以解毒。这种野生菌只有寒露时节才出土，因而得名。其味之佳，可谓无与伦比。正因为它是外婆的珍馐，母亲不许我多吃，所以感到特别鲜美。

在燕京大学读书时，常常骑车去香山游玩，而香山是以产野生蘑菇闻名的。经过访问，在附近的一个村子四王府结识了一位人称"蘑菇王"的老者，那时他已年逾六旬了。他告诉我香山蘑菇有大小两种。小而色浅的叫"白丁香"，小而色深的叫"紫丁香"，春秋两季都有。

他谈得有点神秘——采蘑菇要学会看"稍"（读作 shāo），指生蘑菇的地脉。这"稍"从地面草木的长势可以看出来。他虽向我讲解了几遍但我还是不能得其要领。看来所谓的"稍"，一半指草木的葱茏茂密，一半和埋在土内的菌丝有关。蘑菇落下孢籽才生长菌丝，所以产菌的地方年年会有蘑菇长出来。使香山出名的是一种大白蘑，直径可以长到约35厘米。像一只底朝天的白瓷盆。过去只要在山上发现此种幼菇，便搭窝棚在旁守护，昼夜不离，以防被他人采去。只须两三天便长成，取下来装入大捧盒送到宣武门外菜市口去卖，可得白银三五两，因为它是一种名贵贡品。"蘑菇王"感慨地说："这是前清的事了，近些年简直见不着了。贵人吃贵物嘛。贵人没有了，大白蘑也就不长了。"他的话反映出他的封建意识。实际上逶迤的燕山，只要气候环境适宜，都可能生长此种大白蘑。有一次我去怀柔县黄坎村劳动，听老乡说当地山上就有，名叫"天花板"，并自古留下"天花板炖肉——馋人"的歇后语，只是很稀少，不大容易遇到而已。我当时以为"天花板"只不过是一个当地的土名，不料后来读到明人潘之恒的《广菌谱》，其中就有"天花蕈"一条，并称"出五台山，形如松花而大于斗，香气如蕈，白色，食之甚美"。可见那位老乡的话大有来历，顿时不禁对他肃然起敬而自惭孤陋了。

回忆一下，几十年来，北京的各大菜市场一直可以买到鲜蘑菇。查其品种，因时而异，20世纪60年代以前，市场上卖的都是野生鲜蘑菇。品种有二：一种叫"柳蘑"，蕈伞土褐色，簇聚而生，往往有大有小，相去悬殊。烹制时宜加黄酒，去其土腥味。烩、炒皆可，而烩胜于炒，用鸡丝加嫩豌豆烩，是一味佳肴。一种叫"鸡腿蘑"，菌柄较高，色泽稍浅，炒胜于烩。蘑菇的采集者多住在永定门、右安门外，每人都有几条熟悉的路线，隔几天便巡回采一次，生手自然很难找到。后来朝内、东单、西单几个菜市场都买不到野鲜蘑，只有菜市口市场还有。

据了解是一位姓张的老者隔几天送货一次。随后他找到了工作，在永定门外一所小学传达室值班，野生鲜蘑从此在北京菜市场上绝迹。我曾去拜访过张老汉问他为什么不干了。他说郊区都在建设，永定河也在整理，生态变了，蘑菇越来越难找了，只好转业了。60年代至70年代，几个菜市场有时可以买到人造的圆鲜蘑，和一般罐头蘑菇品种相同。近几年，这种人造圆鲜蘑菜市场也不供应了，而是凤尾平菇的天下了。论其味与质，自然不及圆鲜蘑。

1948年至1949年我在美国和加拿大，注意到蘑菇在西餐中的食用。那里的大城市很容易买到人造圆鲜蘑，餐馆的通常做法是用它做奶油浓汤，或放在奶汁里烤鱼肉，或碎切后摊鸡蛋饼或卷，比较好吃的是用黄油煎。作为一个穷书生，自然不可能品尝到名餐馆中的各种做法，但从烹调食谱中也可以了解不少，总觉得不及中国的蘑菇吃法来得多而好。在波士顿时，我常去老同学王伊同、娄安吉伉俪家去做油煸鲜蘑，略仿"寒露覃"的做法而减少用油量。我曾带给租房给我的美国老太太尝尝。她擅长西法烹调，竟对我的油煸蘑菇大为欣赏，认为比西餐中的许多做法要好，特意在小本子上记下了我的 recipe，并要我示范烧了两次。

已故老友张葱玉（珩）兄，是一位杰出的书画鉴定家，也是一位真正的美食家。他向我几次讲到上海红房子西餐馆的黄油煎蘑菇如何如何隽美，而离开上海后再也吃不到了。1959年有一天他请我在东安市场吉士林吃饭，特意点了这个菜，结果大失所望。我向他夸下海口，几时买到好蘑菇，做一回请他品尝。后来我一次用鸡腿蘑，一次用人造圆鲜蘑，都使他大快朵颐，连声说好。道理很简单，关键在黄油煎蘑菇必须用鲜蘑，最好是菌伞紧包着柄尚未张开的野生蘑。罐头蘑菇绝对不能用。它经过高温煮过，水分已浸透，饶你再用黄油煎也无济于事，味、质皆非矣。

湖南的野生菌亦颇为人所乐道。在西南联合大学上过学的朋友往往谈起抗战时期长沙街头小馆的蕈子粉、蕈子面（即汤煮米粉或面条上加蕈子浇头）如何鲜美。九如斋的瓶装蕈油也常常被人带出来馈赠亲友。1956 年我在中国音乐研究所工作，参加了湖南音乐普查之行，跑遍了大半个省。那一次的印象是长沙的蕈子粉赶不及衡阳的好，而衡阳的又不及湖南偏远小镇的好。看来起决定作用的在于蕈子的品种好不好，而采得是否及时尤为重要。柄抽伞张，再好的蕈子也没有吃头了。

　　当年从道县去江华的公路尚未修通，要步行两天才能到达。中途走到桥头铺，眼看一位大娘提着半篮刚刚采到的钮子蕈送进一家小饭铺，我顿时垂涎三尺。不过普查队的队长是一位"左"得十分可爱的同志，非常强调组织性、纪律性，还时时警告队员要注意影响。像我这样出身不好、受帝国主义教育毒害又很深的人，她自然觉得有责任对我随时进行监督改造。如果我不经过请示批准，擅自进小饭铺买碗粉吃，晚上的生活会就不愁没有内容了。好在一路之上我走在最前面，队长落在后头至少有两三千米之遥，我乍着胆子去吃了一碗蕈子粉。哈哈！这是我在整个普查中吃到的最好的野蕈子！我很想来个第二碗，生怕被队长看见而没敢再吃，抹了抹嘴走出了小铺的门。

　　"文革"时期文化部干校在湖北咸宁甘棠附近。1971 年以后，干校的戒律稍见松弛，被"改造"的人开始能有一点人的情趣。调查、采集、品尝野生蘑菇就是我的情趣之一。为了防止误食毒菌，首先向老乡们求教。经过了解，才知道当地食用菌有以下几种：

　　洁白而伞上呈绿色的叫绿豆菇，长在树林中，其味甚佳，但不易找到。

　　呈黄色的叫黄豆菇，味道稍差。

　　体大色红，草坡上络绎丛生的叫胭脂菇，须经过灶火熏才能吃，否则麻口。

此外还有丝茅菇、冬至菇等，而以冬至菇最为难得，味亦最佳。

后来我从"四五二"高地进入湖区放牛，在沟渠边上发现紫色的平片蘑菇。起初还不敢吃，后来听秦岭云兄说可以食用才敢吃，味鲜质嫩，与鱼同煮尤美。回忆其形态，和现在人造凤尾平菇相近，应该属于同一品种。

云南盛产各种蘑菇，我向往已久，1986 年秋随政协文化组考查文物古迹，有机会做了几千千米的旅行，从昆明西行，直到畹町、瑞丽。一路上不论大小城镇，每日清晨菜市场街道两旁往往有几十人用筐篮设摊，唤卖菌子，一堆堆，大大小小，白、绿、褐、黄，间以朱紫，五光十色，目不暇接。其中最名贵的自然是"鸡𡑍（音 zōng）"和"松茸"。按这"𡑍"字有多种写法。现在一般写作"棕"或"鬃"，或作"踪"，恐怕都缺少根据。其实古人的写法也不一致。有人写作"㙡"（见《骈雅·释草》："鸡菌，鸡㙡也。"又杨慎《升庵文集》："云南名佳蕈曰鸡㙡，鸟飞而敛足，菌形似之，故以鸡名。"），有人写作"𡑍"（见李时珍《本草纲目》卷廿八《菜类》："鸡𡑍出云南，生沙地间，丁蕈也。高脚微头，土人采烘寄远，以充方物。"），我认为李时珍是一位科学家，正名用字，比文学家要谨严些，故今从之。

我们车经各地，时常看见收购鸡𡑍、松茸的招贴，每千克高达 40 元，但要求严，只收菌伞紧包尚未打开者。据说收到后立即冷冻出口，销往香港、日本等地。因而在街上能买到的、饭馆可以吃到的不是菌伞已经张开、菌柄已经抽长，便是过于纤细，尚未长成，价格每千克不过数元。至于晒干的鸡𡑍，多为老菌，长柄如麻茎，茎伞如败絮矣。

鸡𡑍、松茸之外较好的蕈子有青头蕈，我认为它和湖北的绿豆菇同一种。"见手青"因一经手触或刀削便变成青绿色而得名；它质脆而吃火，如与他蕈同烹，应先下锅，后下他蕈。牛肝蕈颜色红黄相间，也算名贵品种。最奇特的是干巴蕈，色灰黑而多孔隙，完全脱离了蘑菇的形态，一块块像干瘪了的马蜂窝。撕裂洗净，清炒或与肉同炒，有特殊的香味和质感，堪称蕈中的珍异。此外杂蕈尚多，形色各殊，虽曾询问名称，未能一一记住。

云南多蕈，可谓得天独厚，但吃法似乎还不够多种多样。鸡枞、松茸等除用上汤炖煮或入气锅与鸡块配佐外，一般用肉片或鸡片加辣椒烹炒，昆明、楚雄、大理、丽江等地都用此做法上席。本人以为如在配料及烧法上加以变化，一定能有所创新，发挥蕈子优势，使滇菜更富有特色。

香港餐馆，不论它属于哪一菜系，普遍大量使用菌类。其中的干香菇多来自日本，肥大肉厚，可供咀嚼，但香味似不及福建、江西的冬菇浓郁。人造圆蘑及草菇，鲜品或罐头多来自福建、广东。福建是我国人造蘑菇的主要产地，曾在福州街头看见种菇户排队等待罐头厂收购。有的不够规格，就地廉价处理，每500克只几角钱，与一般蔬菜价格相差无几。1986年深秋还在江西婺源菜市场上看到出卖人造鲜香菇，每500克1元。上饶的报纸上还刊登举办家庭香菇技术培训班的大幅广告。北京的气候虽不及闽赣适宜种菇，但我相信草菇、香菇完全可以在暖房中培育出来。圆鲜蘑北京过去早有栽培，今后更应恢复并扩大生产。这样北京的食用鲜菌品种就不至于单一了，对丰富市民及旅游者的食品都有好处。

以上拉拉杂杂写了许多，或许有人会问我："你平生吃到的蕈子以哪一次为最好？"我会毫不迟疑地回答："最好吃的是外婆的下粥小菜、母亲只准我尝几颗的寒露蕈。其次是在江华途中只吃了一碗、怕挨批没敢吃第二碗的蕈子粉。"一个人的口味往往是以爱吃而又未能吃够的东西最好吃。某些大师傅做菜的诀窍之一是每道菜严格限量，席上每位只能吃一口，想下第二筷已经没有了，以此来博得好评。这诀窍

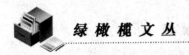

是根据人的口味心理总结出来的，所以有一定的道理。不过最后我要声明一句：以上云云，决无怂恿大师傅及餐馆缩小菜份的意思。任何好菜，我都希望师傅们手下留情，多给一些，我是一定会加倍称赞并广为揄扬的。

秋末晚菘

黎先耀

今年京郊秋播大白菜喜获丰收。现届立冬，京城又进入了一年一度砍菜、运菜、卖菜和贮菜的繁忙时节。由于近郊农村进行开发建设，减少了菜田面积，现在远郊新开辟了很多菜地，加以补充。政府抓了"菜篮子"工程，如今又放开价格，用市场看不见的手来调控，不仅冬季供应的蔬菜品种增多了，并且保证了仍是首都居民当家过冬的大白菜供应，还抓了病害的科学防治，大白菜的质量也有所提高，连菜帮子造成的垃圾堆也减少了。

古人称蔬菜好吃，常夸"初春早韭，秋末晚菘"。《本草纲目》解释道："菘性凌冬晚凋，有松之操，故曰'菘'，俗称白菜。"霜降以后，白菜味道最鲜，故赞美"秋末晚菘"。

野生白菜属十字花科，原是远古人类的采集植物之一；世界上栽种白菜最早的是中国，在距今约 7000 年前的西安半坡遗址，就出土了瓮藏的白菜种籽。大白菜则是我国劳动人民培育出来的一种"结球白菜"变种。

鲁迅先生曾描写过挂在杭州水果店里的"胶菜"，那就是大白菜；因为山东所产的品质最好，故人称"胶菜"。鲁人所谓的"泰山三宝"，其中一宝即为白菜。鲁迅迁居北京后，在他小说里出现的大白菜，就堆成一座小金字塔，点缀了普通人家的冬日风景。

真是百菜不如白菜。大白菜营养丰富，除含蛋白质、脂肪、碳水化合物、粗纤维外，还含有微量的钙、磷、铁，以及胡萝卜素、硫胺素、核黄素和抗坏血酸等成分；并且产量高，每公顷 7.5 万千克以上，还耐贮存，价廉物美，是冬令蔬菜中的佼佼者。北京人包饺子、涮锅子、做芥末墩儿，都少不了它。白石老人生前爱吃大白菜，也爱画大白菜，并题道："牡丹为花之魁，荔枝为果之尤；独不论白菜为菜之王，何也？"南方人到了北方，常起"莼鲈之思"；北方人到了外地，也会生"菘鲷*之想"吧！那年我们几个北京人在斯德哥尔摩，突然对祖国的大白菜害起相思来了，到中国餐馆去预订了一份烧白菜。第二天一上桌，如风扫残云，首先把一盆大白菜，吃个底儿朝天。可是价钱令人咋舌，超过了一盘烹大虾，而且还是餐馆的女店主亲自上市场去采购来的哩！

我对白菜还另有一番特殊的情愫。抗战时期我流亡到江西读书，在铅山城外一座祠堂里上课。教室墙上嵌着一块石碑，与师生朝夕相对。碑上刻着明代当地一位清廉爱民的笪姓知县画的一棵白菜，旁书他的两行题词：

"为民父母，不可不知此味；

为吾赤子，不可令有此色。"

去年我旧地重访，发现那块断成两截的"白菜碑"，作为历史文物已移置到县城中心，新建了碑亭，加以保护。县委书记告诉我，他常用那块"白菜碑"告诫干部：要以清廉俭朴、勤政爱民自励共勉。白菜啊，想不到今天你居然还能作为我们反腐倡廉的教材！

*鲷（音 diāo）即山东所产肉味鲜美的"加吉鱼"。

夏日谈瓜

吾三省

夏季是瓜类的丰产期，也是瓜市的旺销期。

瓜是蔓生植物，与藤相连，《说文解字》注曰："瓜者，藤生厕蔓者也。"金文"瓜"外像瓜蔓，中像瓜形，是个既简又明的象形字。带"瓜"的词语常见的有："瓜分""瓜剖"比喻像切瓜一样分割疆土，"瓜葛"比喻互相牵连的社会关系（瓜和葛都是蔓生植物），"瓜熟蒂落"比喻条件成熟事情自然成功，"顺藤摸瓜"比喻沿着发现的线索追究根底。还有"绵绵瓜瓞"，大的叫瓜，小的叫瓞（dié），语出《诗经·大雅》，祝颂子孙繁衍昌盛，就像瓜一代接一代地生长。

瓜有多种，一般以所结果实为名，可供熟食的为蔬瓜，可供生食的为果瓜，在植物分类学上都属于葫芦科，几种主要瓜名的由来如下：

黄瓜是汉代张骞出使西域时将种子带回内地栽培的，本名胡瓜，后来因避讳改称黄瓜。《礼记·月令》中"孟夏之月"有"王瓜生"之句，后人有误以为王瓜即黄瓜的，其实王瓜以块根入药，与食用的黄瓜毫不相干。

冬瓜的得名，据李时珍说："冬瓜以其冬熟也。又贾思勰云，冬瓜正二三月种之，若十月种者，结瓜肥好，乃胜春种，则冬瓜之名或又以此也。"再有，冬瓜成熟后皮上分泌白蜡，故又有白瓜之称。

南瓜又名番瓜，原产亚洲南部，明时传至我国。李时珍说得很明白："南瓜种出南番，转入闽浙，今燕京诸处亦有之矣。"

瓠（音 hù）瓜也叫扁蒲，俗称瓠子、夜开花。《诗经·小雅》有"瓠叶"篇，瓠叶就是瓠瓜的叶子。

丝瓜原产印度尼西亚，有蛮瓜之称。李时珍说："丝瓜唐代以前无闻，今南北皆有之，以为常蔬。"丝瓜的得名是由于"此瓜老则筋丝罗织"，人们取其丝络以供洗刷器物之用。

苦瓜也原产印度尼西亚，李时珍说："苦瓜原出南番，今闽广皆种之。"苦瓜因味苦而得名，另外还有锦荔枝、癞葡萄等俗称。

西瓜味甜水分多，是夏季最佳果品，原产于非洲，五代时由西域传入内地，逐渐自北向南推广种植。西瓜是个外来词，是女真语 xeko 的音译兼意译。

甜瓜又称香瓜，味甜且香，也是夏季佳果。哈密瓜是甜瓜的一个变种，因主产于新疆哈密、吐鲁番等地而得名。

说豆一族

陈 介

豆的名称来源挺多，如黄豆、红豆、绿豆、赤豆、黑豆、白饭豆、乌豆、白云豆等等，这是人们以豆的颜色命名的；另外还有蓝花豆、红花豆、白花豆等，这又是以花的颜色来分的；再有龙爪豆、象耳豆、刀豆、菜豆、蚕豆、豇豆等等，则是以豆荚的形状来区别的。此外，还有些是有另一层意思的豆，如相思豆、孔雀豆、兵豆、老鸦豆等等，真是五花八门。可是也有是豆而不叫豆的，如皂角、酸角、缅茄、花生、含羞草等。

豆类是一个大家族，在被子植物380多个科中，排行老二或老三，在全世界共有18000多种，我国就有1300多种食用豆类，是人类三大食用作物之一，也是人类驯化栽培最早的作物之一。有人认为蚕豆起源于欧洲，后来扩散到世界各地，我国至今有的地方还把蚕豆称为胡豆。有人说蚕豆是从中亚引入我国四川、云南等地，而后传到全国的。至于大豆很多人都认为原产中国。我国古代称大豆为"菽"，《诗经》就有"中原有菽，庶民采之"的记载。

由于豆类的种类繁多，内含物各异及用途广泛，对生长环境的适应性强，有些种类还有改良土壤，促进其他生物生长的能力，以及产量高、生长周期短和采收季节长等特点，所以有人预言，将来人类的主食，将由目前以禾本科植物（如稻、麦、玉米、高粱、小米等）为主，逐渐向豆类转移，最终将被豆类植物所取代。目前南美及西欧的一些国家，以豆类为主食已并非罕见。

食用豆的营养价值，通常都比禾本科的稻、麦、粟、高粱等要高，如大豆、小赤豆、绿豆、红小豆、乌豆、白饭豆、扁豆、花生、豌豆、蚕豆等等。有的还对人体有保健作用，如绿豆有清热解毒、消暑利水的作用；赤小豆也有利水消肿、健脾去湿等作用。还有云南人最喜爱吃的皂角米，有祛痰、开窍、清热解暑、润肠通便等作用。因此，皂角米稀饭成为云南家庭夏日常备药膳。

大豆是人们极为熟悉的食用豆，它不但含有丰富的油脂和蛋白质，而且还有药用价值。大豆是我国土生土长的植物，自古以来就列入了"五谷"的行列，按其营养价值而论，可谓是"五谷"之冠：以蛋白质而言，其含量之高，可高于谷物的 4～5 倍，是牛奶的 10 倍多，鸡蛋的 3 倍，瘦猪肉的 2 倍多，牛肉的 1 倍多；脂肪含量除了不及猪肉外，通常都高于上述食品的 7～10 倍；氨基酸的含量也很高，其中尤其是赖氨酸的含量，是谷物食品的 10 多倍，是肉类食品的 1 倍左右；此外，所含微量元素（如钙、磷、铁等）也比较高，一般都高于上述食品的 4～6 倍，有的甚至超达百倍。

花生常叫落花生，有的地方叫长生果，《滇南本草》中叫落花参。花生是很普通的食品，却是从巴西几经周折来到我国的舶来品。花生是极佳的食用油料，油脂中含有不饱和脂肪酸较高；同时，花生除油脂外，还含有蛋白质、多种氨基酸、卵磷脂、钙、多种微量元素、维生素、花生碱等对人体极为有益的物质，是人们日常生活中很好的保健营养食品之一。

豆类植物除了食用，其他用途还很多。世界上很多高级、优质、贵重的木材，如巴西的香木、铁苏木、王檀等，圭亚那的紫心木，印度的铁木，澳大利亚的黑木，西非的红木以及我国及东南亚等地的紫檀木、黄檀木等，也都是豆类植物。我国的中药材甘草、黄芪、苦参、皂角，也是豆类植物。在亚洲热带地区，包括我国的南方等地人们喜欢生吃或作菜的葛薯（两广又称凉薯，四川叫地瓜）及街头常见卖的有清热、生津、解暑、止渴、清喉作用的葛根，也还是豆类植物。又如印度等地产的瓜尔豆、田菁（我国也有），它们的豆子（即种子）的胶，制成水基压裂剂，可以使油（石油）井增产；紫云英、三叶草（即苜蓿）等也是优良的饲料、绿肥、蜜源植物，紫云英的蜂蜜还是优质蜜；还有放养紫胶虫的优良寄主树牛肋巴等也属豆类。

豆科这一植物大家族，真值得人们大书特书啊！

中国名酒和大曲

方心芳

现在大家都知道汾酒、泸州大曲和茅台酒是我国出产的名酒。这 3 种酒都是用大曲酿制的。什么是大曲呢？还得先说说什么是曲。按《说文解字》，曲是"酒母"，即生酒之物。后来的《释名》一书中又进一步解释为："曲，朽也，郁之使衣生朽败也。"这就是说，曲是一种长了"衣"的用来酿酒的东西。大曲是曲的一种，它是把小麦或大麦，以及豌豆等谷物碾成碎粒，在一个木模中压成土坯状，放在一定温度的房间（曲室）里 30 天以上，使这种粮食压成的坯长满"衣"而制成的。今天我们知道，"衣"就是微生物，大曲就是用压成块状的粮食制成的微生物培养物。因此，每当我们斟满杯中物欢度喜庆时，可别忘了那形体虽微却足堪称道的小生命。

大曲大概发明于秦汉以前。《齐民要术》中记载的"笨曲"，它的形状和制造方法都和近代的大曲类似。不过，近代用大曲酿酒，是把经过水浸泡和蒸熟的高粱碎粒加大曲和匀后，装进窖中。这种混合物叫醅，其中含水约 55％，呈固态，所以近代大曲白酒是经固态醅发酵而成的。这种酒醅，酿酒行业习惯称作固体醅。固体醅中含氧气较多，更有利于醅中微生物的繁殖和进行新陈代谢，有香味的酯类等化合物也就形成得更多，所以大曲白酒（俗称高粱酒）香味更为浓郁。据说泸州大曲在清初（17 世纪 60 年代）已经出现，那么近代这种用大曲进行固体醅发酵的酿酒方法，无疑是创始于明代。

茅台酒、汾酒和泸州大曲是大曲白酒中的佼佼者，它们有各自独具的香味类型。下面，我们就这三种典型的大曲白酒来说明我国大曲白酒的优异之所在。

汾酒大概在很久之前就出名了。有些其他地方生产的白酒，慕其名而在酒名中加上一个"汾"字，例如武汉地方名酒"汉汾酒"，就有很长的历史了。

酿造汾酒用的固体醅在缸中进行发酵。所用的大曲叫清茬曲（或称清花曲）。成块的清茬曲，其横断面全呈白色。能培养出和它类似的曲，在宋代《北山酒经》中就定为好曲了。清茬曲在较低的温度下制成，其中的微生物有较强的糖化力，酿成的白酒香味清芳。这些微生物有两大类，一类是糖化菌，将淀粉变成能发酵成酒精的糖，主要是米曲霉和根霉。曾经从清茬曲中分离出米根霉、河内根霉和中国根霉等，这些都是糖化力最强的根霉菌种。另一类是酵母菌，把糖发酵成酒精的酵母菌生活在曲的内部，而产生酯类的则多在曲的表面。在汾酒醅中也曾分离出过红曲霉，但红曲霉的数量较少，因为它只有在高温中才会大量繁殖。酿造清香型的汾酒，一般不用高温下制成的曲。

汾酒的清香，当然不只是由于使用了清茬曲。酿造汾酒时，固体醅在缸中发酵的温度较低也是一个原因。"汾酒酿造六诀"中有一条是"火必得其缓"，这是古今中外酿造优质酒时普遍遵从的一条规律。

泸州大曲是典型的浓香型白酒。酿成浓烈酒香的白酒，一般要用在较高温度下制成的大曲。其横断面上有"红心"或金黄块，这是红曲霉或嗜热子囊菌的群落，它们长成一个群落（单耳）或相对称的两个群落（双耳）。有时在曲的中心长成一条红线，有时成单环或复环。在实验室中，一般很难分离出嗜热子囊菌。因为该种微生物要在不低于 30℃ 的温度才能生长，而最适生长温度竟高达 45℃。但一般实验室分离微生物时常用 28℃ 左右的温度来培养。

泸州大曲除用高温曲酿造外，特点是在老泥窖中进行长时间的发酵。泸州酒厂有 300 年的老窖，这些老窖的壁上和底部的泥呈黑色，并呈红绿色光泽，发出浓郁的香味。这种窖泥中有大量细菌，所以窖泥本身实际上是微生物的培养物。固体醅在长期发酵过程中与窖泥相接触，形成一层厚达数寸，颜色较深且香气浓郁的香醅层，这充分表示了老窖泥与浓香型白酒的关系。科学家们从窖泥中分离出了一些产生芽孢的厌氧细菌，这些细菌能发酵生成丁酸和己酸，可以统称为己酸细菌。己酸细菌与丁酸细菌近似，多生存在自然界的烂泥中，与沼气细菌共同生活。己酸细菌要求的厌氧环境，比丁酸细菌更严格，而且生长时和形成己酸时需要一些生长因子，如维生素、辅酶等。这些生长因子，除酿酒原料中所含有的外，主要是由在酒醅中繁殖的酵母菌菌体自己分解（自溶）而提供的。泸州大曲只有经过较长期的发酵才能形成浓香，这也是一个原因。因为己酸和乙酯形成的酯类——己酸乙酯是泸州大曲几十种香气成分中的主要成分，所以使泸州大曲成为浓香型白酒的典型。

10 多年来，我国科技工作者已了解了浓香型白酒形成的原理，又了解了己酸细菌的生存处所、营养要求和习性。在此基础上，开始有意识地培养酒窖香泥，并成功地配制成了浓香型白酒。到了 20 世纪 80 年代，浓香型白酒已在全国普遍生产。任何地方的人们都可以在劳动之后，用香味浓郁的白酒来解除疲乏，欢度喜庆。

茅台酒以它醇、浓郁、味长回甜和香气独特而驰誉全球。茅台酒中含有酱的香气成分，所以一般称茅台酒为酱香型白酒，它是全国香气类型独一无二的名酒。

茅台酒之所以能独树一帜，主要是由于产地茅台气温高而潮湿，同时也因为它的酿造方法非常独特。茅台酒大曲在特别高的温度下培制而成。

一般在曲室内放置 4～5 天，温度便升高到 55℃～60℃，除了两次翻曲时温度稍降外，曲胚温度一直维持在这个高水平，甚至可高达 65℃。在如此高温而又水分充足的条件下，耐高温的细菌大量繁殖，可使曲变成黑色。经鉴定，其中主要是黑色枯草杆菌。这是一种独特的大曲，在其他地方未曾见过。还有一种呈黄褐色的茅台酒大曲，大概也是由前述的嗜热子囊菌造成的。茅台酒大曲的特征是有浓郁的香气。酿制茅台酒的固体醅中，大曲用量特别多，这肯定对成品酒的香气带来不小的影响。由于高温曲中酵母菌很难生长繁殖，所以其中很少酵母菌，这是它的特点之一。那么，茅台酒醅中起酒精发酵作用的酵母菌从何而来呢？原来，茅台酒的配制过程有一个独特的操作步骤，这就是把蒸熟的高粱楂和大曲、尾子酒混匀后，在凉堂内堆放两天。经过试验研究，发现凉堂地面上有许多酵母菌，其中有产醚酵母和酒精发酵力强的酿酒酵母。所以茅台酒醅中的酵母菌来自凉堂，它们为酒提供了最主要的成分。

由于堆放在凉堂中的酒醅中含氧气较多，微生物在其中旺盛繁殖，醅的温度上升很快，常在 30℃～40℃之间，这段堆积时间，对茅台酒香气的形成有很大的关系。

酒醅下窖时喷洒尾子酒，与酯类等香气成分的形成也有关系。而在窖中长达 30 天的 40℃以上的高温发酵过程中，酵母菌菌体必然经常发生自溶。这样，酵母菌细胞中的油脂分解生成的脂肪酸，会和酒精形成芳香扑鼻的酯类。所以，茅台酒中除含有乙酸乙酯、丁酸乙酯、己酸乙酯和戊酸乙酯外，还含有较多的棕榈酸乙酯和油酸乙酯等。

现在已经有人能够选用特定的微生物来酿制有酱香的白酒。如果这种工艺能成功地推广，广大群众就可以随时畅饮酱香型白酒了。

曲是酒之母。也就是说，美酒佳酿，全是人们巧妙利用微生物的结果。利用现代微生物学的技术和概念，充分研究酒曲，我们定能为全中国、全世界的人们不断提供更多更好的美酒。

绍兴酒

曹聚仁

我们翻看陆放翁的《剑南诗稿》，里面有很多饮酒、醉中独酌的诗篇，可见这位诗人是会喝酒的。但，他颇欣赏金华兰溪的老酒。在酒的历史上，金华府属的义乌、兰溪，好酒的盛名，还早过了绍兴（惟一的反证就是那位葬在绍兴的大禹王。或许 4000 年前，绍兴已经酿酒了）。放翁平常喝的，当然是绍兴本地的酒，他在《游山西村》中说："莫笑农家腊酒浑，丰年留客足鸡豚。"绍兴农村原是家家酿酒的。

绍兴酒是用糯米做的黄酒，与用麦和高粱做的烧酒，一辛辣，一醇甜，自是有别。绍酒之中，一般的叫花雕，坛上加花，原是贡品。加料制造的，有善酿、加饭、镜面各品，酒味更醇。还有一种女贞酒，富家育女，便替她做酒加封，藏在地下，作为出嫁日宴客之用，故名女贞。酒越陈越香越醇，十年五年埋着，喝了才过瘾。

绍兴府属各县，都有绍酒酿坊，西郭、柯桥，沿鉴湖各村镇，散布很广；以东浦为最上，阮社次之，据说东浦以桥为界，内地也有上下床之分，那只好让行家去鉴别了。阮社村到处都是酿坊，满堤都是大肚子的酒坛，一眼看去，显得这是醉乡了。绍酒所以特别好，行家说主要条件之一是鉴湖水好。我的朋友施叔范，他是诗翁，也是酒伯，他说："真正的佳品，必须汲湖水酿造；水的成分不要过清，也不可过浊；清则质薄，日久变酸，浊则失掉清灵之气。"鉴湖水，源出会稽，有如崂山泉，所含矿质，恰合酿酒之用，因此绍酒独占其美。

做酒是一种艺术，在酿酒行家，叫缸头师傅。这种师傅我们家乡也有。首先把糯米浸了，放上饭甑（一种大木桶的蒸具）去蒸，蒸熟了，摊在竹垫上，等它凉下来，再拌上酒药；酒药的分量得有斟酌，多则味甜，少则味烈。接着把它放在大缸中"作"起来（"作"即是发酵之意）。究竟"作"多少日子，那就看缸头师傅的直觉判断了；总是听得缸中沙沙作响，有大闸蟹吐沫似的，看是"作"透了，再由酒袋装入酒架，慢慢榨出来。这榨入缸中的酒汁，一坛一坛装起来。再用泥浆封了口，一坛坛放入地窖中去，普通总是半年十月，就可开坛了；一年以上，便是陈酒，市上出售的，大多是一年陈的。

"作"酒时期，我们也可喝连糟酒，称之为"缸面浑"，其味较醇，却不像"酒酿"那么甜。酿了头酒以后，还可再酿一次，其味淡薄，我们乡间，称之为"旁旁酒"。

绍兴老酒，我说过是一种糯米酒，味儿醇厚，黄澄澄的。我喝过一坛15年陈的枣酒，那简直像酱油一般。我们一想到茅台、大曲、汾酒、高粱那股辛烈的冲劲，就觉得冬日跟夏日的不同。我们喝绍兴酒，总是一日一日地喝，让舌尖舌叶细细享受那甜甜的轻微刺激，等到喝得醉醺醺时，一种陶然的心境，确乎飘飘欲仙。我们从不像欧美人那样打开了瓶嘴，尽自向肚子灌下去，定是要喝得狂醉了才罢手的。鲁迅曾在一篇小说中，写他自己走上了一石居小酒楼，坐在小板桌旁，吩咐堂倌："一斤绍酒。——菜？十个油豆腐，辣酱要多。"他很舒服地呷一口酒，酒味很纯正，油豆腐也煮得十分好，可惜辣酱太淡薄。这就是酒客的情调了。在绍兴喝酒的，多用浅浅的碗，大大的碗口，一种粗黄的料子，跟暗黄的酒，石青的酒壶，显得那么调和。

葡萄美酒

[法] 卢岚

　　当人们谈起法国，很容易联想到拿破仑白兰地、香槟酒。这些美酒，也像香水、时装一样，代表了法兰西浪漫情调的一面，它们往往与衣香鬓影、杯盏交错的欢宴场合分不开。但当我参观过两个酒窖以后，对这些美酒，就不止限于欢宴场合上的片面理解了，对它们的认识变得更全面，更立体，更多姿多彩。

　　去年春天，我曾经到过法国北部的兰斯城，参观过一个香槟酒窖。夏天，我又有机会参观了另一个酒窖，那是在南部里昂城以北的博若莱产酒区。

　　里昂城一带，流行着这样一句话："灌溉着里昂城的，有三条河流，一条罗纳河，一条索恩河，另一条是博若莱。"人所共知，法国并不存在一条叫博若莱的河，博若莱只是一个产酒区，它所出产的酒，以该地区命名。但从这句话可以看到，博若莱酒，对这区域的经济，有着如何重要的价值。

　　记得那天罗兰夫人带引着我，从里昂城北部的勒布叶基镇出发，沿着索恩河方向往北走，一路丘陵重叠，形成无数山谷和盆地，其中也有一些狭小的平原。而这些地方，几乎全部是葱茏的葡萄园。在绿色的山谷和半坡上，分布着一弯弯村落，教堂的塔尖从一片屋顶上冒出，直插蓝天。罗兰夫人说，这片葡萄园长达 80 千米，宽度约 10 千米，种植面积达 2 万多公顷，有些葡萄园甚至伸展到海拔五六百米的山丘上。由于受大西洋气候的影响，气温稍高，阳光充足，每年春季，漫山遍野满布苍苍郁郁的葡萄园和各种果树，恰如一个大花园，这里居民长年的工作，就是围绕着这些绿色的空间和酒窖而进行的。

他们的生活呢，也自然离不开酒。据罗兰夫人说，这里人人嗜酒如命，按中国人的说法，他们都是刘伶。对产酒区的人来说，当然顺理成章。罗兰夫人家里也有一个小型酒窖，里面堆满各种名酒和陈年旧酒，其中当然以博若莱酒为最多。这种酒喝法很随便，进餐期间可以从头喝到尾，由于它的酒精度数很低，可以当做普通饮料，从早喝到晚，因此，它的消耗量很大。罗兰一家也喝得不少，她总是驾车直接到酒窖去采购，每次从那里搬回来的酒，总有好几箱。

在路上，她再三警告我说，到酒窖不要贪嘴，若随便乱喝，会出洋相。她还告诉我她第一次到酒窖买酒的情形，见了那么多酒，眼都红了。每逢试酒，总喝个涓滴不留。从一条地窖喝到另一条地窖，到出门回家时，一头栽到别人怀里。她说，如果人家给你试酒，你可以呷到嘴里，但不要吞到肚子里去，品尝以后，随便吐到地上。在酒窖里，这不但容许，而且是一种不成文的规矩。即使不是试酒，而是主人正正式式让你坐到桌子上喝，也要适可而止。

我们要参观酒窖的那个村子也是挂在一个半坡上，面向一片宽阔的山谷，视野内一片青黛的田畴。村子沿着山势上升，环境十分悄静，斜路上只见一两个小孩子在游戏。房子清一色红顶，墙壁由一块块浅黄色的泥砖砌成，表层不扫灰水，原色的砖头露在外墙，给风雨侵蚀得很圆滑。一些屋宇外墙爬满了野葡萄藤，窗台和矮墙上种着时花，红绿相映，艳丽夺目。村子中心，有一两处倒塌了的屋宇，像古建筑物的废墟。但周围环境收拾得洁净整齐，因而不觉得村子残败破落，而觉得它充满古朴气氛。我们走下一段梯级，一个杂草丛生的园子豁然出现，里面堆满了旧酒桶、手摊三轮车和一些木桶木板。面向园子的，有一道爬满野葡萄藤的宽阔拱门，这就是酒窖的入口处。门口站着三两个人在闲聊，见了罗兰夫人，十分熟稔地打招呼，可见罗兰夫人是这酒窖的常客了。其中一位中年男子迎上前来，罗兰夫人把我介绍给他，说带我来参观酒窖，他握着我的手说："你来到我们的酒窖，就是进入到法国的心脏了。"我觉得这句话颇有一点意思。

地窖十分阴冷，阵阵寒气迎面袭来，8月的大热天乍一进入地窖我霎时起了一身鸡皮疙瘩。据贝诺先生说，酒窖的恒温必须保持在12℃～14℃之间，灯光也不能亮，否则会影响酒质。安装在拱顶上的幽暗灯光，照在尘封土熏的墙壁上，别有一番古雅神秘气氛。一条条拱形的通道，向四周伸展，整片地底四通八达，像地下宫殿似的，十分壮观。成千上万的巨形酒桶，横卧着，三重四叠向上堆高，一直贴到拱顶上。每个酒桶有编号，有些还装上喉管和水龙头，以方便换捅工作。

另外一些通道和凹室，摆着低矮的人字形架子，瓶口向下，斜插着刚入瓶的新酒。另一些架子高达拱顶，平放着数以万计的瓶酒，瓶底一律向外，一眼看去，像一片蜜蜂窝。架子上头均有一个牌子或本子，写着各种记录。

通道当中铺上铁轨，一列列小型车子在忙着运输，地窖就在一片黝黑的灯光下活动着。

这情形使我联想起兰斯城的香槟酒窖，那酒窖自然要比这里更宏大，规模更完善。地窖分好几层，参观时要乘电梯直落地底。闻说兰斯城地底被酒窖贯通，全长达28千米。

由于香槟酒酿制时间要一年至三年，想要味道更香醇，则要历时五六年。它在发酵过程中，必须加上曲子，使糖变成酒精和碳酸气，所以开瓶的时候会喷出泡沫。由于酒会产生气体，装酒的瓶子必须能承受 6 千克的压力。它的操作过程比较复杂，比如酒瓶一定要不断转动摇晃，在不同时期摆成不同角度，逐步转动 180°，也就是说，转到瓶口垂直向下，使沉淀物在瓶塞处慢慢消失。而博若莱酒则不要求产生气体，它的沉淀物也不要求消失得很干净，因为这种酒适宜新鲜喝，酿制过程只需要 3 个月，它的操作也不同于香槟酒。

幽暗的通道引导着我们慢慢行进。贝诺先生不断向我们介绍酒窖常年的工作。他说当葡萄还在田野，就必须与虫害、疾病和冰雹作斗争。大约一个世纪前，这个区域曾经发生过一次蚜虫害，葡萄藤竟一时绝了种。后来由一位神甫重新种植，酿酒业才逐渐复苏。现在虽然科学发达，对付这种虫害的工作也一样艰巨。他们自备有飞机，以方便杀虫工作。葡萄收获后，去掉枝梗，放到压榨机里榨出葡萄汁。如果是香槟酒，还要把黑白两种葡萄进行适量调配，但博若莱酒只采用黑葡萄。榨汁后开始第一次发酵，使酒中的渣滓减少到最低限度，最后是入瓶。入瓶前必须把空瓶子搬入地窖，使瓶与酒的温度一致。入瓶工作看来简单，其实也颇讲究技术，否则也会影响酒质。我问入瓶有什么技术，罗兰夫人却在一旁打趣道："你且别问了，否则贝诺先生以为你是间谍呢！"我正摸不着头脑，他们却格格地笑起来。贝诺先生说："我看不出这位夫人会来当间谍，她实在是个好孩子，你看，有谁来到酒窖只管看酒不喝酒的？人家说我们这个区域可以放到酒杯里带着，我说呀，我们的家乡啊可以放到酒杯里品尝。来，咱们喝酒去！"

后来贝诺说，事实上法国十大产酒区的每一个酒窖都有自己特殊的配方和酿酒方法，对外绝对保密，所以每个酒窖出产的酒都有自己的特殊风格，别人仿制不了。直到那时，我才恍然明白罗兰夫人方才开的玩笑。

我们穿过迷宫似的地窖，慢慢绕回地面，贝诺先生推开一道摇摇欲坠的木门，把我们让进去。带上门后，房子一片漆黑，他把电灯开了，我才环目四顾，发现这里并无通道，是一间长形拱顶的土窖，看来屋顶上头就是村落。拱顶下晾着一串串蘸着面粉的香肠。窖子外间，摆着一张长木台，两边两条长凳。台和凳都凹凸不平。

贝诺先生从架子上取下三瓶酒，每人酌满了一海杯，又取出一些干乳酪放在台上，然后把电唱机开了，播送出悠扬的《蓝色多瑙河》。贝诺先生说："在酒窖里喝酒一定要听《蓝色多瑙河》，这是我们的规矩。"谈罢我们三人互祝健康，在幽暗的灯光下，窖子里充满了浪漫气氛。他们两人一饮而尽，不大会喝酒的我，只好小呷着。

贝诺发现我杯里的酒不怎么走，故意装出认真样子："我们这里有一句流行话：'酒越喝，老婆变得越可爱，朋友变得越忠诚，世界变得越美好。'难道你不想你的先生变得越来越可爱吗？"

罗兰夫人冲着我放肆地笑起来，笑声有点不对劲，我这才发现她前面放着一只空空如也的酒瓶，另一瓶也业已去了大半。想起来时她谆谆告诫我不可多喝，可是现在呢？她那双猫眼似的绿色眼眼，已经变得灯笼似的布满红丝。我特别关心回程怎么办，连忙检查一下自己的驾驶执照……

啤酒

吴德铎

一

啤酒，粤语读作"卑酒"，这是百分之百的音译。欧风初渐时，因我国本无此酒，便突出它的主要原料是"麦"，名之为"麦酒"（当年的驻外使节、游历官员所说"麦酒"均乃此物），上海方言中，它的读法是"皮（啤）酒"。

无论"啤"、"卑"、"皮"都是 Beer 的译音。其实 Beer 也不是英语，乃是德语 Bier 的转化。据考证，英国人于 1524 年由荷兰输入此酒，Beer 之名也跟着进入了"约翰牛"的词汇。英国人原有的啤酒及其名称 Ale 的市场，愈来愈小，直到今天，似乎还是那样。以守旧著称的英国绅士在这点上竟不那样坚持，也许因为 Ale 太薄之故。

德国不愧为啤酒之乡，尤其是巴伐利亚州，它招徕旅游的广告，除了炫耀它那里的得天独厚的阳光，便是强调它所产的啤酒。话虽如此，当年希特勒一伙发迹、起家的"小啤酒店"（纳粹横行时，这里成了"圣殿"），人们（包括许多德国人）至今记忆犹新。今天慕尼黑每人平均每年饮啤酒达 230 升之多。啤酒的身价并未因希特勒而稍减，当年不可一世的"元首"及其爪牙在啤酒面前，也是尔曹身与名俱灭，不废啤酒万古流！

啤酒并非源自德国，有人认为，人类最古老的饮料，除了水，便是啤酒。这说法即使能成立，也不应包括我们中国，只能说，古埃及和巴比伦的居民，早在几千年前便已开始用大麦酿酒，后来经由希腊人和罗马人传入欧洲。大概在公元纪元前不久，在今天属于法国的地方，出现了一种"塞尔瓦兹酒"，它可用大麦、燕麦或稞麦酿造，度数也比现代啤酒高得多，但它是可以稽考的今天啤酒的远祖。中世纪，啤酒的酿造在欧洲有较大的发展，当时主要的酿造场所是修道院和一般的家庭，后来才陆续出现专业的作坊。

啤酒虽起源于亚洲、非洲，目前消费最多的仍是欧洲国家。慕尼黑人不但嗜饮啤酒，还有个别开生面的"啤酒节"，这节期不只一天，而是从 9 月最后一星期延续到 10 月的第一个星期。这风俗起源于 1810 年，为了庆贺巴伐利亚王国太子路德维希一世的婚礼，慕尼黑全城放假 16 天！并举行赛马、射击等比赛，参加者均可痛饮啤酒。而这时期正是巴伐利亚收获的季节，从此，这节期便成了庆丰收的日子，一直流传至今。每逢这节期，巴伐利亚人民，穿上传统的节日盛装，载歌载舞，市内大大小小的啤酒店，夜不闭户，连电车司机和售票员也一边工作，一边开怀畅饮。西德及来自世界各地的游客云集于此，与巴伐利亚人民同享丰收的喜悦，这 16 天内，仅慕尼黑一地，便要饮用啤酒 100 万升。

捷克斯洛伐克的啤酒，也富盛名。这个人口仅 1500 万的国家，啤酒的牌号有 81 种之多（每种又按酒度可分成三四种）。在布拉格有家招牌名叫"乌·富莱克"的啤酒店是旅游者必到之地，他们来这里不是为了饮酒，而是来参观这酒店的顾客遗失在店中的东西。什么东西有这样大的号召力呢？原来拿破仑进攻俄国失败后，路过这里，曾在这家啤酒店中驻足，当他离去时，这位皇帝陛下，把他的军旗忘在这家酒店中，成了这酒店最好的广告。拿破仑的军旗沦为小酒店的市招，穷兵黩武者的下场，大多如此。

啤酒营养丰富，1升啤酒可产生热量 3169.2 千焦，相当五六个鸡蛋或半升牛奶。因而有人称啤酒为"液体面包"。有一点要说明，啤酒有 12 度、14 度之别，一般以为这是说它所含酒精的度数。其实不然，这里的"度"是指麦芽汁的浓度，"12 度"是说每升麦芽汁含有糖类 120 克，这种啤酒所含的酒精，多半是 4.4 度（1 升啤酒含酒精 44 毫升）。麦芽汁浓度在 18～20 度间的，称"黑啤"，它所含酒精在 4～5 度之间。麦芽汁浓度在 7～9 度的，通常称之为"淡啤"，它便是本文开头提到的 Ale。

二

英国人本来叫啤酒做"Ale"，这个本为萨克逊语（eala、eale、aloth）的字，原是指未经加入"忽布"（hop，即"酒花"，"忽布"是 1524 年由荷兰传往英国的）的麦酒，现在则指比较淡的啤酒，Ale 是比较文雅的说法，大多数人均径称"淡啤酒"为 SmallBeer。

早在公元纪元初，史学家塔西佗（55—120）的时代，麦酿的酒便已是日耳曼人所珍视的饮料。丹麦人、盎格鲁·萨克逊人，同样也给它以很高的评价，他们甚至认为值得将它献给奥丁神殿中的威武勇士，供他们解渴。公元 11 世纪初，英王忏悔者爱德华举行的一次盛宴中，Ale 是这次御宴采用的酒之一，从此以后，它便成了英国人的生活必需品，英国政府制订过不少有关 Ale 的售价和质量的法令。

也许因为它行销太广，以致"淡啤酒"的身价，在英伦三岛江河日下，到了莎士比亚时代，"淡啤酒"（这时已用 SmallBeer 这名称）

与"低微下贱"溶化在一起，成了"下等人"的同义词。1568 年，莎士比亚 3 岁时，有个名叫格拉夫顿的感慨地埋怨当时的英国"饮料除淡啤酒外，别的什么都没有！"

莎士比亚在他的作品中也屡屡提到淡啤酒。就作者所知，莎翁在《亨利四世》、《亨利六世》和《奥赛罗》3 个剧本中提到了它。

说来也许令你难以置信，美国第一任总统华盛顿将军曾经开过一间淡啤酒厂。他当年手写的《造淡啤酒法》，至今仍保存着（现在可能已成为美国的重要文物）。1757 年，这位酿造厂主在一本记事簿中，详细地记下了他制造淡啤酒的秘诀。在这本记着各种秘方的簿册上，华盛顿认为，酿造淡啤酒时，"如天气寒冷，给它盖上毯子，置于冷却器中 24 小时后，灌入桶中……"看来在这方面，这位后来的总统，很有些实际经验。

淡啤酒含酒精，一般不超过百分之四，这也许是当年上流社会不屑一顾的原因。

开头所说 Ale 不加"忽布"。可能有些读者不了解啤酒这一奥秘，为什么非它不可。"忽布"是 hop 的译音，现在都叫它作"酒花"、"香蛇麻"，是一种多年生、缠绕的草本植物，有雌雄之别，酿造啤酒时只用它的雌花，不用雄花，因雌花果穗中有"香蛇麻腺"，具有特殊的芳香气。酒花的成分相当复杂，啤酒所特有的苦味，来自酒花中的"苦酸乙"，醇厚的香味，来自它的芳香质树脂。近年来，科学家发现，啤酒花能抑制乳酸菌等微生物的生长，又有强心、镇静和抗结核的功能。因而高血压、肾脏病引起的浮肿、心脏病和结核病患者，如适当饮用一些啤酒，可起辅助治疗的作用。

中国饮茶的习惯

吴觉农

　　中国人饮茶，大抵有这样几种不同的目的：一种是把茶当做药物，饮茶用以防治疾病。由于饮茶确有健身和防治疾病的效果，很多人就把茶当做生活的必需品，不可一日或缺，甚至每餐必备。由于生理上的需要，一般是以肉食为主、缺乏蔬菜的地区的人，例如蒙古、康藏等牧业地区，茶叶成了该地区的必需品，从而代代相传下来。又一种是把茶视为珍贵、高尚的饮料，饮茶是一种精神上的享受，是一种艺术，或是一种修身养性的手段。这也有一定道理，生理作用与精神作用是密切相关的。《茶经》作者陆羽可说是一个讲求精神效果的代表人物，日本的茶道也属于这一类型。正是由于茶叶具有满足人们不同目的要求的特性，饮茶之风才有了它的物质的和社会的基础。

　　在《茶经》的写作年代，茶的种类，只有属于不"发酵"茶类的粗茶、散茶、末茶和饼茶，其中饼茶是主要的。在人民大众中，饮用前对不同的茶叶先作不同的处理（斫、熬、炀、舂），然后用沸水冲泡，这就是《茶经》所说的"庵茶"；有的再加葱、姜、枣等添加物，用以调味，"煮之百沸"，然后饮用。前一种冲泡法现在还非常流行；后一种煮饮法在我国西南、西北地区以及中亚、西亚和非洲的一些国家也流行很广，仅在具体做法和饮用器具上有所不同。但陆羽把用这两种方法调制的茶汤，看做沟渠中的弃水，表明了陆羽饮茶的目的有着与众不同之处。

我国最早的饮茶方法，据《广雅》说：

"欲煮茗饮，先炙令赤色，捣末置瓷器中，以汤浇，复之，用葱、姜、桔子芼之。"

又据明朝慎懋官《华夷花木鸟兽珍玩考》所记：

"唐李德裕入蜀，得蒙顶，以沃（浇的意思）于汤瓶之上……"

可见用沸水冲泡或加葱、姜之类的调味品早已为一般人所试用。

《茶经》所提倡的煮茶方法，在《五之煮》中已有详细的说明。陆羽对茶汤的"沫饽"和香味都非常珍视，而冲泡和"百沸"都不能获得"沫饽"和香味鲜爽浓强的茶汤，这就是他反对民间习惯方法的原因所在。民间着重于茶的物质效果，而陆羽则重视精神效果，这是很明显的。

《茶经》作者是主张常年饮茶的，所以他说，"夏兴冬废，非饮也"，这表明他认为饮茶并不仅仅为了在夏天解渴、消热，即使在寒冷的冬天，还应照样饮茶。为什么要常年饮茶，《茶经》没有加以说明。从现在看来，由于茶内含有多种有益于人体健康的物质，所以经常饮茶，确是既能健身，又能防治疾病。有饮茶习惯的人，无论中外，也不是"夏兴冬废"的。但从全文来看，"夏兴冬废，非饮也"，是对不重视饮茶的精神作用，而偏重于饮茶的解渴作用亦即饮茶的生理作用的批评，因为从生理上说，夏天天热，需要饮茶，冬天天冷，可以少饮或不饮，但在精神生活上并无冬夏之分，常年饮茶是必要的。

《茶经》作者所提倡的饮茶方式，也与众不同。《红楼梦》"贾宝玉品茶栊翠庵"一回中所说的妙玉泡茶款待宝玉的故事，对《六之饮》中所说的饮茶方式也是一个很好的注解。妙玉讥笑宝玉说："岂不闻一杯为品，二杯即是解渴，三杯便是饮驴?"曹雪芹笔下的妙玉，认为饮茶一杯已足，亦即她饮茶的着重点在于"品"，可说是领悟了《茶经》的饮茶艺术了。

《茶经》所说的"夫珍鲜馥烈者，其碗数三……"说的是煮一"则"茶末，只煮3碗，才能使茶汤"珍鲜馥烈"，如煮5碗，味就差了，所以，5个人喝茶，也只用3碗的量。在《四之器》中，煮水的熟盂，容积2升，越瓯（碗）的容积半升以下，两者大致是4与1之比，不能超过5碗是受熟盂容量限制的关系。直到现在，讲究喝乌龙茶的人，所用茶壶的大小，也随人数或盅数而定，他们先闻香，后品味，茶杯很小，饮茶的目的主要也在于精神上的享受。

《茶经》作者饮茶，特别重视茶汤的香和味"珍鲜馥烈"，并说"嚼味嗅香，非别也"，就是说，"干看"不能鉴别茶叶品质，必须"湿看"茶汤，看汤的"沫饽"，品汤的香味。

到了宋代，在上层社会里风行"斗茶"，也称"茗战"，当时为了把最好的茶叶进献给皇室，千方百计地搜罗名茶，经过斗茶，评出"斗品"，充作官茶。斗品的要求，在蔡襄《茶录》中有详细的记述，主要是"茶色贵白"，"茶有真香"，"茶味主于甘、滑"。"点茶……着盏无水痕为绝佳"，"茶盏……宜黑盏"。当时的斗品虽也是不"发酵"的蒸压茶，但对茶汤的要求，却没有具体提到《茶经》所说的"沫饽"。

宋徽宗赵佶在《大观茶论》的序言中，曾吹嘘斗茶的风气是"盛世之清尚"。其实，斗茶不过是一种茶叶品质评比的方式，与陆羽以精神享受为目的的品茶是完全不同的。由于品茶是以精神享受为目的的，所以我国古代诗人曾写下了大量的咏茶诗句，陆羽在《七之事》中，就引述了左思的《娇女》诗和张孟阳的《登成都楼》诗。饮茶与吟诗结下了不解之缘，说明了饮茶与精神上的享受关系。

把饮茶或品茶作为精神上的享受，虽然是历代文人所提倡的，但

在我国民间也颇流行。众所周知的闽南人和广州大小茶馆中的群众，就是用欣赏品味的态度来对待饮茶的。许多地方都有吃早茶或在清早上茶馆的习惯，这都不是为了止渴、提神，同时，除少数中上等的茶馆外，也不十分讲究茶的质量，只要一壶在握或一杯在手，就感到怡然自得了。

潮州功夫茶

陈传康

潮州人嗜茶，喝的是功夫茶。据《清朝野史大观》载："中国讲求烹茶……粤之潮州府功夫茶为最。"虽说唐代便有功夫茶之说，然唐代功夫茶是姜、葱、枣、橘皮、茱萸、薄荷中的一种或若干种与茶叶的混煮饮料，与潮州现今的功夫茶大不相同。

潮州茶道的确为最，外人看来颇具古风，饱含文化。单说这套功夫茶具吧，就有茶盘、茶洗、茶壶、茶垫、茶杯、水钵、炭炉、砂铫、羽扇等9种。潮州人所说的茶具通常是红釉紫砂陶制品。盛茶叶的壶称为"冲罐"，具有肩、肚、口、脚、耳、流、盖、钮等8个部位，形式有瓜状、八角形、圆形多种，以扁圆的"柿饼罐"为多，而以"孟臣罐"（因底部钤有明末清初宜兴制壶名家"孟臣"二字小印，故名）为最佳。"孟臣"冲罐小巧玲珑，淳朴古雅，泡茶不走味，贮茶不变色，盛汤不易馊，而且使用的年代越久，色泽越加光润古雅，泡出来的茶也越加醇郁芳馨。因此，越古旧的孟臣冲罐往往被人视若珍宝，贵如金玉。茶缸上是放怀的茶盘，中间雕有一古钱状小孔，是盘面水下流的通口，它和下面盛废水的"茶洗"统称"茶船"。功夫茶杯的选择有个四字诀：小、浅、薄、白，形同半个乒乓球，一般一壶茶顶多3杯，所谓"茶三酒四"，解释是"品"字为3口，3个茶杯象征"品"

字。茶杯多为瓷制，每个容量约半小两，杯太多，容量太大，都会影响茶的品味。茶船外壁阴刻山水花木或者写上几行字，如"石泉槐火试新茗"、"雀舌未经三月雨，龙牙已占六朝春"等，前者点明石泉水为煮茶理想之"水"，槐木炭乃煮茶理想之"火"。其实，炭火以榄核炭最佳，不但火候好，而且使水含有一种不可名状的香味。煮水时，茶炉离茶具最好是七步之遥，这样水沸后端来冲茶时温度最适宜，或者，用刚刚开的"蟹眼水"（水花涌起如蟹眼），过生则嫩，过熟则老，这与现在说的90℃的温开水冲茶最有利于茶叶中维生素的分解的科学道理是一致的。

泡茶之前，先用开水把茶壶、茶杯烫过，以免因为水壶口粘有炭的微粒或烟气而影响茶叶的味道。而后，将茶叶放满茶罐。所用茶叶通常为由小叶种茶加工的乌龙茶（包括铁观音、水仙、色种、一枝春这一类半发酵茶），潮州老茶客并不喝绿茶、红茶，对花茶之类更是不屑一顾。据说这半发酵的乌龙茶，世界上还没有哪个国家能焙制出来。乌龙茶里又以潮汕凤凰单枞，福建铁观音，武夷岩水仙和大红袍等为极品。所谓"单枞"即是从一株茶树上一次性摘下来的茶叶，单独制作，单独收藏，产量有多有少，即使存放同一茶箱，也要用纸分隔开来，绝不混杂。单枞茶里又以凤凰山和饶平岭头一带所产最出名。虽然小叶种茶适于中亚热带酸性土生长，而潮汕为南亚热带，但前两处均为山间谷地，海拔高于500米，属山地中亚热带气候，又多云雾，故成为乌龙茶的极品。凤凰单枞外形细长美观，有光泽，冲泡后呈半发酵茶的最佳外观即红边绿腹；茶水色泽金黄，清馥，经火耐泡，每泡茶可连续冲水30~50次，香气犹存，而其他茶叶只能泡上4~5次；回甘力强，饮此茶后香气在口中长留不去，有"七里茶"之称。上好的凤凰单枞每千克约3万个茶芽，每年可摘四次，以冬季采摘的为最好。近来，饶平县珠平岭头单枞茶厂新创一优质品种"国宾茶"。该茶外形条索紧结、挺直，色泽黄褐光艳；内质香气独特，花香持久；滋味浓醇甘爽，回甘力强；汤色金黄透亮；叶底柔软匀净，叶边朱红完整，叶腹笋黄明亮。已远销南洋、北美等十几个国家和地区。于是，开始冲茶。高冲、低斟、刮沫、淋盖、汤罐、热杯、澄清、滤歹，是功夫茶的8道工序。以16字"冲茶经"概之为"高冲低斟，刮沫淋盖，关公巡城，韩信点兵"。也就是说，提壶向茶罐里冲水时要高，让水撞击茶叶，加速分解；而提冲罐时，由于茶叶的涩汁及其他成分在茶叶面上生成一层水沫，要用罐盖轻轻刮去，盖上后再淋一次水，把粘附在罐口罐身上的余沫冲走。冲茶高手在第一次冲罐后，中间的茶叶还是干的。冲茶时要手腕转动，在三个小杯上巡回冲出，使各杯的茶水色泽如一，浓淡平均，是为"关公巡城"，冲至最后，茶罐里只剩少许浓厚的茶汁，乃茶之精华，必须一滴滴分别点到各杯，如"韩信点兵"，至此，冲茶完毕。

喝茶也有讲究。冲茶者自己不先喝，请客人或在座的其他人先喝。取茶时一般是顺手势先拿旁边的一杯，最后的人才拿中间这杯，倘若在两旁未有人端走之前就拿走中间这杯，则不但会被认为是对主人的不敬，也是对在座诸位的不尊重。待每人喝过之后，方才开始第二轮。潮汕的品茶高手功夫极深，他们不仅能品出茶的等级，深知"假勤洗茶渍"（即指茶壶里的茶渍越厚，冲起来越有味道，故一般不洗茶渍）的老话俗语，而且，如果把各样的茶如龙井、水仙、普洱等混冲，一经那三寸味蕾发达之舌，便能立刻将各种茶的大体比例说出来。

外地人喝这用满罐茶叶泡出来的功夫浓茶，第一杯准皱眉（那色真浓），第二杯准叫苦（犹如苦口良药），第三杯简直难以下肚了。不过，横下心喝过去，要不了多久，自然会不知不觉地惯了，没有那么苦那么酽了，再下去，竟然也身不由己欲罢不能地喝上瘾了。看来，这潮汕功夫茶不但泡茶要凭功夫，喝茶也要费功夫啊。

崂山茶

黎先耀

　　过去在江南的时候，从路边雪地里就能摘几朵盛开的或含苞欲放的山茶回来，点缀节日的风光。可是到了北京，每年春节前后，只有在中山公园唐花坞的陶盆里，才能见到她那娇艳的面孔。

　　去年春天，我们有事去青岛，曾顺便游览了崂山胜境。那里的古刹道观，大多毁坏，惟独下清宫还较为完好。我看到庙里有四五棵高出飞檐的小乔木，深绿色的树叶间，开满了朝霞般的红花。这似曾相识的，是茶花吗？我又瞧见庭院里一块石碑上镌刻着"香玉"二字。我这才想起：对，这准是《聊斋志异》里写的下清宫里，那高两丈，大数十围，花时璀璨如锦的"耐冬"无疑了。蒲松龄在他写的那篇美丽动人的神话里，将白牡丹变幻成痴情的素衣女郎"香玉"，把红山茶化身为纯贞的红裳女郎"绛雪"，真是构思神妙的浪漫主义。山茶开花经冬历春，别名"耐冬"，确是贴切。钟爱茶花的宋代诗人陆游曾咏叹其："雪里开花到春晚，世间耐久孰如君。"耐冬真不愧为人们的良友。

　　下清宫即道观殿宇之首的"太清官"，坐落在海拔1000多千米的崂山顶的东南海角，三面环山，一面临海，气象万千。这里温暖，湿润，向阳，背风。在这个得天独厚的地理和气候小环境里，怪不得华北地区只能在温室里栽培的山茶，能在下清宫里露地生长了。其中最高大粗壮的那棵耐冬，相传是一位明朝的道士所手植，现已快一个人抱不拢了。蒲松龄住在这里写《香玉》的时候，也许就是这棵亭亭玉立、花枝招展的耐冬，引动了他的文思吧！我去春城探望过黑龙潭寺里的那株"明茶"，可是远没有这棵北国的"绛雪"长得茂盛和丰硕哩！

那天清晨，我们从市内栈桥边启程时，就听到港内"铜牛"发出的低沉的吼声，预报这是一个雾天。等到太阳徐徐升起，海上浓雾渐渐散去，我发现这一带不仅寺庙里栽有山茶，连山间也有野生的山茶。有趣的是，野山茶由于长期适应当地的环境，形成了匍匐状的枝条，以利于对抗海风的吹袭。更使我感到惊奇的是，这里的殿宇内外，山坡上下，苍松翠柏之间，还分布着竹林茶园。想不到在胶东半岛上，竟重温了江南的景色。

我们知道，在植物分类学上，茶树和山茶是近亲，不但同属于山茶科，而且还同归于茶属。因此，它们的习性很相近。也许正是这个缘故，山茶成了茶树北上的先遣队。好像往昔山东人移居国内外，总是先有几个人闯出去，定居下来后，再引去更多的老乡。原来健美的"绛雪"，还是勇敢的开路人。是她启发了人们，把南茶北引到崂山来的吧！这段鼓舞人们开创精神的故事，要留待《新聊斋志异》来续写了。

中国是茶的老家。山茶科中茶属植物约80种，我国就产60多种。一般认为西藏和云贵高原，是茶树的故乡。我国的茶树王就长在西双版纳南糯山。有一棵高5米多的大茶树，据说已有近千年的历史。傈尼人得爬着梯子上去，采三五天才能采完哩！云南不但以产茶花闻名，什么大玛瑙、雪狮子、童子面等，花色名目，不胜枚举，而且还以滇红、普洱等名茶著称。我国古书记载最早的茶叶市场亦在西南一带。看来，这些与茶的起源和栽培历史有着密切的关系。我国人民种植茶树已有三四千年的悠久历史，是世界上驯化茶树最早的国家。茶树原产于我国高温多湿的地区，现在已经大大扩展了栽培的分布范围。特别是解放以来，我国南茶北引取得一定成绩，栽培的北界已由淮河以南，推进到黄河以南，胶东半岛就是其中的一个新茶区。山东省的茶园已发展到近 6670 公顷了。

两千多年以来，中国不仅以各种名茶供应东西方各国，而且中国的茶树良种，也引到了海外不少地区。一些国家现代语中的"茶"字，也都是由我国"茶"字的广东音或厦门音转化而来。这可算是世界人民对中华民族这一贡献的铭记吧！现在世界上重要的产茶国印度和斯里兰卡的茶叶，就是中国良种茶与当地大叶茶杂交的成果。茶树的野生种发现于北纬 14°～40° 之间，而现在茶树栽培的地域，已扩大到南纬 33°北纬 49° 之间，最北已达到外喀尔巴阡山一带。这也是人类改造和利用自然的一个胜利。

当我们逛累了，在下清宫西边清莹碧透的神水泉池畔，坐下来休憩的时候，一杯神泉水沏的崂山茶，真是清香可口，提神解乏。卖茶的老道士向我们夸道："这种茶，闻起来香，饮起来甜，咽下去滑，真是神仙也喝得啊！"茶是既喜温湿，又怕长日照的耐阴植物。"高山多雾出名茶"真是不错。

我们品尝完一杯，称赞这比起虎跑泉泡的龙井茶、惠山泉冲的碧螺春来，毫不逊色，别有风味。老道听了，过来又给我们壶里沏满。他告诉我们，过去这里空有好水，没有好茶。那时这里卖的是枣叶茶或柿叶茶。有些游客喝了皱眉，感到委屈了神泉水。1959 年这里开始试种茶树，总结失败的教训和成功的经验，现在已经扩大到了近 1 公顷，每 0.067 公顷年产茶叶达 100～150 千克。有了崂山茶，才算对得起神泉水啊！他还对我们说："崂山种茶，破天荒第一遭，可真不容易。要不是崂山的人会动脑筋，肯下苦功，也许今天还得请客人喝枣叶茶哩!"

　　我们因为要赶回青岛，喝了两杯，就起身告辞。好客的老道连忙又来给我们续水，劝我们再喝一杯才走。他又介绍说，崂山茶不但色香味俱佳，而且还经沏耐泡，第三道还蛮酽呢！盛情难却，我们又饮一杯，果真后劲儿还挺大哩！

　　"柴米油盐酱醋茶"，茶是我国人民日常生活不可缺少的饮料。茶和咖啡、可可，并称世界三大饮料。由于国内人民生活的改善，国际贸易的发展，茶是越来越供不应求了。除了改良品种，提高单产量以外，让我们开辟更多的新茶区，生产更多更好的茶叶，来满足国内外人们的需要吧！

　　我今天想起那次下清宫之游，不但崂山茶还使我津津回味，而且那卖茶老道的话，也使我深深回味："如果不动脑筋，不肯下苦功，那就只好还喝枣叶茶！"要改造自然，利用自然，既不能投机取巧，也不能硬拼蛮干，只有切切实实进行研究和试验，才能掌握和驾御它的规律。不然的话，就真会像蒲松龄在《崂山道士》篇里讽嘲的王生那样，碰得头破血流了。

云茶饮赏记

梁秀荣

  昆明"云茶苑"应北京"老舍茶馆"之邀，亚运期间到首都为来自五大洲的客人作云南少数民族饮茶习俗表演。表演厅里他们带来的一尊用茶木雕成的"神农像"，使人惊讶不已。人们常见的茶树都是矮小的灌木，怎么能雕出这样粗大的雕像来呢？你要是见过勐海南糯山上那棵一人登梯上树采三天才能采完的大茶树，也就不会感到奇怪了。

  相传神农尝百草，日遇 72 毒，得茶而解亡。茶的发现和饮用，是中国人民对人类文明的一大贡献。澜沧江两岸是中国茶树的原产地，至今还生存着不少野生的茶树。1962 年有人仍在勐海大黑山发现一棵野生茶树，树高竟达 32 米，主干胸围约 3 米，估计树龄约有 1800 年，真可称得上是世界茶树之王了。

  最古老的茶树生长在云南森林中，最古老的饮茶习俗，亦保存在云南众多兄弟民族的生活里。今天走进前门老舍茶馆，身着绚丽多彩的民族服装的云南姑娘们热情迎接我们坐下之后，首先用建水紫砂陶茶具，以昔日昆明"书香门第"待客的"九道茶"习俗，请我们喝普洱茶。认真不苟地经过"品茶、净具、投茶、冲泡、沦茶、匀茶、斟茶、饮茶"9 道程序，使我回忆起若干年前已故全国政协张冲副主席在"大观楼"，请我们喝这种讲究的"迎客茶"的盛情。

我们坐在老舍茶馆古色古香的厅堂里，听着云南民间热情的"饮茶歌"，就像到了热带雨林的村寨里作客，受到了兄弟民族"以茶当酒"的亲切款待。

我们仿佛坐在西双版纳傣族的竹楼上，身穿筒裙、腰系银带的傣族少女，一边在象脚鼓的伴奏下跳起了孔雀舞，一边给我们捧来了一碗碗的"竹筒茶"，那既带竹子清香，又保持茶叶芬芳的"竹筒茶"真是沁人心肺啊！

我们仿佛到了阿诗玛的家乡"石林"，撒尼人用"七子茶饼"抖烤的"罐罐茶"，还没有喝，就被那茶香熏醉了哩！

我们仿佛走在洱海之滨热闹的"三月街"上，饶有兴味地品尝到了白族待客的"三道茶"。第一道甜茶，表示欢迎；第二道苦茶，谈古论今；第三道米花茶，象征吉祥，象征今天中华民族大家庭的团结、兴旺。

我们仿佛与哈尼族兄弟亲密地围坐在火塘四周，一起端起竹节茶盅，把用泉水刚煮好的"土锅茶"，趁热一饮而尽。这南糯山上新摘不久的白毫，真是名不虚传啊！

人们在这里，不但还能品尝到拉祜族用土陶抖烤的"烤茶"，佤族用薄铁板烧烤的"烧茶"，而且还有机会欣赏纳西族将茶水冲入酒盅发出悦耳声响的"龙虎斗"，以及基诺族用酸笋、酸蚂蚁、辣椒、大蒜和盐巴配制的色味俱佳的"凉拌茶"。

现正在老舍茶馆举行的云南少数民族饮茶习俗表演，展示了中国古老茶文化的"活化石"，由此可以探索我们祖先的饮茶习俗。我们在编写《新茶经》的时候，可别忘了将这些比现存野生茶树更为古老的饮茶方法也收入进去啊！

闲话"咖啡王国"

张虎生

咖啡是一种颇受人们欢迎的饮料。外国人喝咖啡也像中国人喝茶一样，是每天都必不可缺的。在全世界的各种饮料中，咖啡是消费量最大的一种。由于咖啡习惯于在热带地区生长，因此虽说在亚洲、非洲和拉丁美洲出产咖啡的国家不下 50 来个，但就全世界而言，咖啡生产国毕竟还是少数。例如。美国是世界上最大的咖啡消费国，而美国出产咖啡很少。无怪乎有许多每天都喝咖啡的人，却不曾见过咖啡树是个什么样子。

咖啡是一种热带的常绿小灌木。在植物分类学上，咖啡属于茜草科植物。咖啡树通常高达五六米，叶子呈长卵形，对生。花开在叶腋部位。每当咖啡树开花的时候。白色的小花挂满枝头，清香扑鼻。花分为 5 瓣，有 5 枚雄蕊，1 枚雌蕊。雌蕊在柱头部位裂为两片。授粉之后，逐渐长成红色的肉质浆果，里面包着两粒咖啡籽。人们通常所喝的咖啡就是用干燥的咖啡籽碾成的粉末。

世界上出产咖啡最多的国家是巴西。早在 1900 年，巴西的咖啡产量就占全世界咖啡总产量的四分之三。100 多年来，巴西的咖啡广销世界许多国家。巴西是国际咖啡市场上最大的供货者，它的咖啡收成的丰歉会引起国际咖啡市场行情的波动。因此，巴西被人们誉为"咖啡王国"。

如今，巴西虽然已经改变了单一生产咖啡的局面，但它的咖啡产量在全世界一直名列前茅。1979 年，巴西产咖啡 2000 万袋，比世界第二大咖啡生产国哥伦比亚还多 200 万袋。目前，巴西全国有咖啡种植园 50 多万个，种植面积超过 250 万公顷。正在结果的咖啡树估计有 27 亿株，平均每个巴西人有 23 株。全国有 600 多万人在咖啡生产部门就业。1977 年，巴西仅出口咖啡一项就赢得 23 亿美元的外汇，占当年巴西全部外贸出口额的五分之一。

圣保罗州是巴西"咖啡王国"的中心。全国的咖啡树约有一半集中在这个州。要领略一下这"咖啡王国"的风采，莫过于到圣保罗乡村去看咖啡种植园。那里的咖啡种植园大都辟在红壤丘陵地带。经过人们多年的经营，咖啡树长得齐齐整整，横看成列，竖看成行，似乎每一株都长得恰到好处，各得其所，株株长得葱茏挺拔。一眼望去，无边无际，绿遍天涯。如果从高空往下看，每片咖啡园就像一张巨大的浅红色的地毯，那咖啡树宛如成千成万身着翠绿服装的运动员，在硕大的地毯上摆开了演出大型团体操的阵势，既优美，又壮观。咖啡园还随着节气变化而景色相异。花开时节，无数的小白花如同碎琼乱玉一般点缀在青枝绿叶之间。待到咖啡成熟时，那圆圆的小浆果又好比镶嵌在翡翠屏风上的玛瑙一样晶莹剔透。在巴西的土地上，几乎到处都呈现着一派热带风光所特有的自然美，圣保罗的咖啡园则不失是这美景中一个引人入胜的镜头。

在圣保罗州的首府圣保罗城，那大街上的咖啡馆就像我国南方城市里的茶馆一样，比比皆是，从早到晚顾客盈门。因为不仅巴西人嗜喝咖啡成癖，就是从外国来的游客也渴望品尝"咖啡王国"的咖啡。人们用很考究的小瓷杯斟上一杯很浓的咖啡，再加上巴西自产的精制糖块，喝起来的确香甜可口，有提神解乏的妙用。

提起"咖啡王国",人们大概不曾想到，200多年以前，在巴西850多万平方千米的土地上，连一株咖啡树也没有。这"咖啡王国"的出现，还有一段有趣的历史哩。

据说，咖啡的原产地在非洲东部的埃塞俄比亚，最先传入邻近的阿拉伯国家，接着又传到东南亚。18世纪初期，荷兰人第一次把咖啡树从亚洲的印度移栽到欧洲，在阿姆斯特丹的植物园里进行人工培植。后来，荷兰人曾赠送给法国国王路易十六世几株咖啡树，可见当时欧洲人把咖啡树视为植物界的珍奇。于是，咖啡树又开始在法国的巴黎植物园中落户。大概是因为欧洲的气候条件不适宜于咖啡树的生长，因而无论在荷兰，还是法国，咖啡树始终不过是园林中供观赏的植物罢了。

1720年．一个名叫德克利厄的法国军人，在前往加勒比海中的法属马提尼克岛时，从巴黎植物园要了3株咖啡树苗，准备随身带到新大陆。不料他乘坐的船在大西洋上遇到了风暴，途中耽搁了许多时日，船上的食物和淡水日见缺乏。德克利厄为了保存那3株树苗，不得不在旅途中忍受饥渴，把自己每天从船上分得的一点点淡水拿来浇灌树苗。虽然他作出了很大的自我牺牲，并且精心照料，但是还是有两株咖啡树苗逐渐枯萎、死去，最后仅有一株咖啡树苗被带到了目的地——马提尼克岛。这仅存的一株咖啡树就成了后来拉丁美洲大陆上亿万株咖啡树的始祖。

巴西最早的咖啡树是在1727年从法属圭亚那引进的。1760年前后，种植咖啡在里约热内卢等地已比较普遍，当时主要是供本地消费。到了19世纪初期，巴西的咖啡种植业有了很大发展，1825年咖啡已成为巴西第一大出口产品。咖啡种植业之所以在巴西获得广泛的发展，首先是因为巴西的广大地区处在热带和亚热带，气候湿热，霜冻少，很适宜于咖啡树的生长。其次是巴西土地多，种咖啡需要大量土地，而对资金和技术的要求却不高。再次是 19 世纪上半叶巴西的蔗糖生产和采金活动逐渐衰落，有大批的奴隶劳动力可供利用。据有人统计，巴西在 19 世纪 80 年代废除奴隶制度以前，在咖啡种植园劳动的黑人奴隶不下 100 万人。因此，不但巴西的咖啡树来自非洲，而且也是来自非洲的黑人用他们的血汗培育了巴西的咖啡。

巴西咖啡的产值曾长期占本国农业总产值的一半左右，咖啡的出口值也长期占巴西出口总值的 70% 以上，咖啡对于巴西的经济发展所起的重要作用是不言而喻的，然而，以种植咖啡为主的巴西经济也是很脆弱的。这不仅是由于咖啡易受霜冻、病虫害等自然灾害的戕害，而且因为咖啡经济的好坏往往并不和咖啡收成的好坏成正比。自 19 世纪以来，巴西咖啡的出口一直占国际市场咖啡供应量的五分之四。每当巴西咖啡大丰收，国际市场上的咖啡就大大供过于求，因此引起价格暴跌，给巴西带来严重的经济损失。为了改变这种不利局面，从 20 世纪初开始，巴西采取由政府向外国借钱来收购过剩咖啡的办法，控制咖啡的供应量，使咖啡价格保持稳定。由于咖啡价格相对稳定，巴西的咖啡园主反而进一步扩大了咖啡种植，使咖啡供过于求的问题更加尖锐。其他咖啡生产国也积极发展咖啡生产，使巴西咖啡的国际市场越来越小。结果，巴西政府负债越来越大，咖啡的存货也越积越多，最后被迫把大量咖啡烧掉或抛进大海。仅从 1931 年到 1944 年，巴西烧毁和扔进大海的咖啡就有 7800 万袋。正是由于经历过这种辛酸的历史，巴西政府和人民才不懈地为改变咖啡单一种植经济而努力，并且取得了可喜的成绩。

欧洲人的一张菜单

[美] 罗伯特·路威

番茄汤

炸牛仔带煎洋芋

四季豆

什锦面包（小麦、玉米、裸麦）

凉拌菠萝蜜

白米布丁

咖啡，茶，可可，牛奶

这是随手捞来的一张菜单。无疑，全世界任何初民社会里面找不到这样的盛馔。那么，我们怎样能配出这样的一张菜单来的呢？不是因为我们在地理上或人种上占什么便宜，却是因为我们左右逢其源地从四面八方取来了各种食品。400 年以前，我们的环境和遗传跟现在毫无两样，可是我们现在办得到的形形色色的菜里面有四分之三是我们的老祖宗没听见过的，运输方法一改良，花样儿便翻了新。凭他们那种可怜的芦筏，塔斯曼尼亚人能到得了美洲或中国吗？西班牙人、荷兰人、英国人，他们有进步的帆船，坐上这些船只没有一个到不了的，于是他们便到了美洲和中国。可是，在航路大扩展和地理大发现之时代以前，欧洲人的一餐和初民的一餐相去还不如此之甚。在哥伦布出世以前，马德里或巴黎的大厨子也没有番茄、四季豆、土豆（洋芋）、玉米、菠萝蜜可用，因为这些全是打新大陆来的。请读者合上跟想一想，爱尔兰没有了土豆，匈牙利没有了玉米！

让我们把这张菜单更细密地分析一下。先拿几种饮料来说。1500年的时候，欧洲没有一个人知道什么叫做可可，什么叫做茶，什么叫做咖啡。过后传进来了，那价钱贵得可怕，因此没有能一下子就成了一般人的恩物。不但没有能给一般民众享受，而且千奇百怪的观念都聚拢在那些东西上面，它们混进我们的日常生活是近而又近的事情。

西班牙人打墨西哥把可可带到欧洲。墨西哥的土人把炒过的可可子、玉米粉、智利胡椒，和一些别的材料混合起来煎汤喝。土人又拿可可荚当钱使，西班牙人当然不去学他，就是煎汤的方法也改得简便些。从西班牙传到法兰德斯和意大利，1606年左右到了佛罗伦萨。在法国，红衣主教立殊理的兄弟是第一个尝味的人——是当做治脾脏病的药喝的。不管是不是医生，大家都异口同声地说这味新药有些什么好处或有些什么坏处。1671年，塞维涅耶夫人的信里头说，有一位贵夫人身怀六甲，喝可可喝得太多了，后来养了个黑炭似的孩子。有些医生痛骂可可，说是危险得很的泻药，只有印第安人的肠胃才受得住，可是大多数医生不这么深恶痛绝。有一位大夫甚至给自己做的可可粉吹法螺，说是治花柳病的特效药。神父们也来插一脚：可可是算做饮料呢还是算做食物，四旬斋里头可不可以喝可可，全看这个问题的答案。1644年，布兰卡丘主教发表一篇拉丁文写的论文，证明可可本身不算是食物，虽然它有点儿滋补，善男信女的呵责这才住声，这个大开方便之门的教条完全得胜。

约在第六世纪中，中国已经种茶树，可是欧洲人却到了1560年左右才听到茶的名字，再过50年荷兰人才把茶叶传进欧洲。在1650年左右，英国人开始喝茶，再过10年培匹斯便在他的有名的日记上记下他的新经验。可是好久好久，只有上等社会才喝得起茶。从 15 先令到 50 先令 454 克的茶叶，有多少人买得起？到了 1712 年，顶好的茶叶还要卖 18 先令 454 克，次货也要卖 14 先令到 10 先令。这价钱到了 1760 年才大大跌落。跟可可一样，茶的作用也给人说得神乎其神。法国的医界说它是治痛风的妙药，有一位大夫还说它是万应灵丹，担保它能治风湿、疝气、羊痫风、膀胱结石、黏膜炎、痢疾和其他病痛。亚佛兰彻主教但尼尔·羽厄患了多年的烂眼和不消化症，过后喝上了茶，你看！眼睛也清爽了，胃口也恢复了，无怪乎他要写上 58 行的拉丁诗来赞扬了。

咖啡的故事也一样有趣。咖啡树原来只长在非洲的阿比西尼亚，阿拉伯人在 15 世纪中用它当饮料，就此传播出去。可是，甚至近在咫尺的君士坦丁堡，不到 16 世纪也未听见喝咖啡的话。1644 年传到马赛，可是除几个大城市以外，法国有好几十年不受咖啡的诱惑。拿世界繁华中心的巴黎城说，虽然有东地中海人和亚美尼亚人开的供熟客抽烟打牌的小店里出卖咖啡，巴黎人也没有爱上它，直到 1669 年来了那一位土耳其大使，才大吹大擂地让它在宴席上时髦起来。近代式的咖啡馆要到 17 世纪的末年才出现，可是不多时便成了上流社会常到的地方——军官、文人、贵妇人和绅士，打听消息的人，寻求机遇的人，有事没事全上咖啡馆来。不相上下的时候，咖啡馆也成了伦敦的固定机关——新闻和政见的交易所。

到了 18 世纪，咖啡在德国也站稳了，可是激烈的抗议也时有所闻。许多丈夫诉说他们的太太喝咖啡喝得倾家荡产，又说许多娘儿们，倘若净罪所里有咖啡喝，宁可不进天堂。希尔得斯亥漠地方有政府在 1780 年发布的一道训谕，劝戒人民摒除新来恶物，仍旧恢复古老相传的旧俗："德国人啊，你们的祖父、父亲喝的是白兰地；像腓特烈大王一样，他们是啤酒养大的；他们多么欢乐，多么神气！所以要劝大家把所有的咖啡瓶、咖啡罐、咖啡杯、咖啡碗，全拿来打碎，庶几德国境内不复知有咖啡一物。倘有胆敢私卖咖啡者，定即没收无赦……"

可见禁令不是 20 世纪的发明，它的对象也可以不限于酒精饮料。

可是让我们记住，咖啡最初也是当药使的。据说它能叫瘦子长肉胖子变瘦，还能治瘰疬、牙痛和歇斯底里，有奇效。奶酪对咖啡，原本是当一味药喝的，有名的医生说这味药是治伤风咳嗽的神品。洛桑的地方的医生定它治痛风。当然，也有怀疑的人，不但有怀疑的，还有说损话的。哈瑙公主是个爱咖啡成癖的人，终究中了咖啡的毒，浑身溃疡而死。1715 年有一位医生的论文证明咖啡减人的寿命；还有一位邓肯大夫说它不但诱发胃病和霍乱，还能叫妇人不育，男子阳痿。于是出来了一位大护法，巴黎医学院院长赫刻，他只承认咖啡能减轻性欲，使两性的关系高超，使和尚们能守住他们的色戒。

照此看来，可可、茶、咖啡，都是西方文明里头很新近的分子。拿来调和这些饮料的糖亦复如是。印度的祭司和医生诚然用糖用了几千年。可是直到亚历山大东征到印度（公元前 327 年）以后，欧洲人才第一回听说那个地方长一种甘蔗，"不用蜜蜂出力便能造出一种蜜糖"。又过了近 1000 年，欧洲人还是闻名没见面。到公元 627 年，君士坦丁堡的皇帝希拉克略攻破了波斯国王的避暑行宫，抢了不少宝贝，这里面就有一箱子糖。原来早个 100 年的光景波斯人就已经从印度得到了种蔗之术。在公元 640 年左右阿拉伯人灭了波斯，也就学会了种甘蔗，把它到处种起来——埃及，摩洛哥，西西里，西班牙，全有了。蔗糖这才大批往基督教国土里输入，新大陆发现以后不久就成了产蔗的大中心。可是，好久好久，糖只是宴席上的珍品和润肺止咳的妙药。在法国，药业杂货业的联合公司拥有发售蔗糖的专利权，"没糖的药房"成了"不识字的教书先生"似的妙喻。直到 1630 年，糖仍旧是个珍品。巴黎一家顶大的医院里，按月发一回糖给那管药的女子，她得对天起誓，她只用来按方配药，决不营私走漏。可是一到 17 世纪，茶啦，咖啡啦，可可啦，全都盛行起来了，糖也就走上红运了，拿 1730 年跟 1800 年比较，糖的消费量足足大了 3 倍。

再回到我们那张菜单子上去，白米的老家也该在东方，带进欧洲是阿拉伯人的功劳。它也一向没受人抬举，直到中世纪末年才上了一般人的餐桌。

除掉了美洲来的番茄、土豆、豆子、玉米面包、菠萝蜜、可可，非洲来的咖啡，中国来的茶叶，印度来的白米和蔗糖——我们那一餐还剩些什么？牛肉、小麦、裸麦、牛奶。这里面，裸麦在基督出世的时候才传进欧洲。其余的要算是很早就有了的，可也不是欧洲的土产。全都得上近东一带去找老家，五谷是那儿第一回种的，牛是那儿第一回养的，牛奶是那儿第一回取的，讲到起源，西部欧洲是一样也说不上。

这样分析的结果很不给欧洲人面子，可并非因为我那张菜单是随手一捞，捞的不巧。倘若我们不要牛肉片要鸡或火鸡，黄种人的贡献显得更大。原来家鸡最初是在亚洲驯养下来的，火鸡在哥伦布远航以前也只有美洲才有。

（吕叔湘　译）

四、园林胜境

人间"伊甸园"

卫 红

世界动植物保护基金会曾向塞舌尔共和国总统颁发了自然保护奖。位于非洲印度洋中的岛屿国家塞舌尔，属热带气候，它保护着原始状态的环境，以及生存在那里的许多珍禽异兽和奇花异木，因此，被称为人间的"伊甸园"。

美丽的塞舌尔首都维多利亚，位于该国最大的岛屿马埃岛上，一年四季万木争荣，百花吐艳。维多利亚植物园内，集中了塞舌尔群岛上特有的珍奇植物80多种，其中有高大的阔叶硬木，两种兜树，白色的凤尾状兰花，奇特的瓶子草和极为稀罕的海蜇草。凤尾状兰花为塞舌尔"国花"，现已濒于绝灭，政府规定不许带出国境。

植物园内还种植有塞舌尔独有的6种棕榈树，其中最奇特、最著名的是海椰子树，被誉为"国宝"。相传16世纪，马尔代夫岛在海上捕鱼的渔民，惊奇地发现浩瀚的大海中漂浮着很多大椰子，不知此从何来，误认为生于海底，故称"海底椰子"，并被当做可治百病的奇宝。后来，欧洲的探险家终于在塞舌尔的第二大岛普拉兰岛，发现了所谓"海底椰子"的原始森林。原来是椰子成熟后脱落，被雨水冲入大海，漂流到了马尔代夫。但是人们至今仍习惯叫它为"海底椰子"。海底椰子系棕榈科植物，是椰树中的珍品，高达46米左右，雌雄异株，一般生长 25 年才能开花结果，树龄又长达 800 多年，甚至能活到千岁。海底椰子雄树果子长 1 米左右，雌树一次可结果几十个，每个重达二三十千克，当地人称"爱情果"，是塞舌尔的传统出口产品。值得一提的趣事是：塞舌尔的公厕门上的标志，不书写"男""女"字样，也不绘制男女剪影，而用雌雄椰子果实的不同形象作标志。

这座植物园里，还饲养着一些塞舌尔的特有珍奇动物，如爱达布拉岛上产的各种海龟和旱龟，塞舌尔特产的胸部呈橘红色的飞狐。园内专设有飞禽饲养室，饲养着鸟岛上产的各式珍禽，如著名的太阳鸟、罕见的行科鸟和马达加斯加的斑鸠等。人们如去马埃岛西北 97 千米的鸟岛游览，登上该岛，就能看到欢迎的牌子，上面写着："这里是属于鸟类的，您是鸟的客人！"每年四五月间，大约有一两百万只燕、鸥和其他各种鸟儿，到那里产卵育雏。

虽由人作，宛自天开

孙晓翔

现在我国各城市都在大搞园林绿化，改善城市环境，这是件大好事。但是，我认为园林绿化的规划设计，必须与大自然的生态系统相融合，而不是去破坏大自然。

园林管理工人常喜欢把灌木丛修剪成圆球形，似乎很规整，但却很不自然。园林应以造化为师，越有野趣，越美。

有自然之理，才有自然之趣。在因工业化和城市化而导致自然环境严重破坏的今天，全世界的环境和城市规划，都在大力发扬源于中国的"居城市须有山林之乐"以及"虽由人作，宛自天开"的环境规划思想。正逢人家学习中国传统的环境规划思想去恢复被破坏了的自然环境时，却有一些中国人自己不但没有继承发源于中国的环境规划思想，反而捡起被其他国家抛弃了的破烂：欧洲18世纪以前的人工几何图案和近代高层建筑密集型的城市规划模式，岂不令人遗憾。

尤其是西南、华南的一些旅游城市，更不应搞那些与自然风景格格不入的建筑，可是有些城市偏偏在那里搞什么人工壁画、雕塑，建高层宾馆，设夜总会，甚至在景区搞灯光夜游，把野生动物都给吓跑了。

现在一些城市往往花很多钱买花岗石铺装大型文化广场，以此来显示他们的气魄和实力。实际效果却适得其反。本来城市已经产生了热岛效应，太阳辐射在绿叶上，可以转换成氧，但辐射到花岗石上，就会起反射作用，增加空间热度，人往花岗石上一坐一屁股热。所以，大面积铺装花岗石，对城市生态环境的改善没起到积极的作用。

现代城市的园林绿化怎样才能充满自然生趣呢？

首先，城市应该拥有与城市规模相匹配的绿地，不应该尽是没有自然生命乐趣的石屎（钢筋混凝土铸成的）森林。树木花草可以净化城市的空气和水体，是城市环境健康的卫士。一个特大型的城市，至少应留出60%的绿地，少于60%的绿地产生不了生态效益。比如，城市的楼房顶层枯燥刻板、冬冷夏热，假如有关方面从规划设计时就考虑在楼顶上适当铺加土层，栽上草，种上花，搞成楼顶花园，不是可以让林立的高楼也焕发出自然生趣吗？

其次，在布局城市花园时，不应把一个品种一个品种的植物一畦一畦地排列栽植，而应按植物自然群落的规律栽植，才显得自然有趣。

再次，现在许多城市都在移植大树，但是，如果把同样大小的树木成行成排地等距离栽植，千篇一律，也是很不自然的。城市需要优选树种。过去有些城市种的柳树和梧桐树，多为雌性，一到春天或初夏柳絮漫天，桐花满地，污染环境。所以，园林部门应多种雄性树苗或抗病虫害能力强的树。另外，城市里也不一定总是种松柏、白杨、梧桐等，也可以种一些粗放的经济林木，如竹子、胡桃树等，这样便能增添自然生趣和生活气息。

人间的"蓬莱仙阁"

梁思成

造园的艺术在中国很早就得到发展。传说周文王有他的灵囿，内有灵台和灵沼。园内有麋鹿和白鹤，池内有鱼。从秦始皇嬴政以来，历代帝王都为自己的享乐修筑了园林。汉武帝刘彻的太液池有蓬莱三岛、仙山楼阁、柏梁台、金人捧露盘等求神仙的园林建筑和装饰雕刻。宋徽宗赵佶把艮岳万寿山和金明池修得穷奢极侈，成了导致亡国的原因之一。今天北京城内的北海、中海和南海，是在12世纪（金）开始经营，经过元、明、清三朝的不断增修和改建而留存下来的。无疑地它继承了汉代"仙山楼阁"的传统，今天北海琼华岛上还有一个"金人捧露盘"的铜像就可证明这点。北海的艺术效果是明朗、活泼，是令人愉快的。

著名的圆明园已在1860年（清咸丰时）被英、法侵略者所焚毁了。封建帝王营建园苑的最后一个例子就是北京西北郊的颐和园。颐和园也是一个有悠久历史的园子。由于天然湖泊和山势的秀美，从元朝起，统治阶级就开始经营和享受它了。今天颐和园的面貌是清乾隆时代所形成，而在那拉氏（西太后）时代所重建和重修的。

颐和园以西山麓下的天然山水——昆明湖和万寿山为基础。在布局上以万寿山为主体，以昆明湖为衬托。从游览的观点来说，则主要的是身在万寿山，面对昆明湖的辽阔水面，但泛舟游湖的时候则以万寿山为主要景色。这个园子是专为封建帝王游乐享受的，因此在格调上，一方面要求有山林的自然野趣，但同时还要保持着气象的庄严。这样的要求是苛刻的，但是并没有难倒了智慧的匠师们。

那拉氏重修以后的颐和园的主要入口在万寿山之东，在这里是一组以仁寿殿为主的庄严的殿堂，暂时阻挡着湖山景色。仁寿殿之西一组——乐寿堂，则一面临湖，风格不似仁寿殿那样严肃。过了这两组就豁然开朗，湖山尽在眼界中了。由这里，长廊一道沿湖向西行，山坡上参差错落地布置着许多建筑组群。突然间，一个比较开阔的"广场"出现在眼前，一群红墙黄瓦的大组群，依据一条轴线，由湖岸一直上到山尖，结束在一座八角形的高阁上。这就是排云殿、佛香阁的组群，也是颐和园的主要建筑群。这条轴线也是园中惟一的明显的主要轴线。

由长廊断续向西，再经过一些衬托的组群，即到达万寿山西麓。

由长廊一带或万寿山上都可瞭望湖面，因此湖面的对景是极重要的。设计者布置了涵远楼（龙王庙）一组在湖面南部的岛上，又用十七孔白石桥与东岸衔接，而在西面布置了模仿杭州西湖苏堤的长堤，堤上突然拱起成半圆形的玉带桥。这些点缀构成了令人神往的远景，丰富了一望无际的湖面和更远处的广大平原。这样的布置是十分巧妙的。

由湖上或龙王庙北望对岸，则见白石护岸栏杆之上，一带纤秀的长廊，后面是万寿山、排云殿和佛香阁居中，左右许多组群衬托，左右均衡而不是机械地对称。这整座山和它的建筑群，则巧妙地与玉泉山和西山的景色组成一片，正是中国园林布置中"借景"的绝好样本。

万寿山的背面则苍林密茂，碧流环绕，与前山风趣形成强烈的对比。

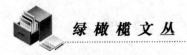

　　我们可以说，颐和园是中国园林艺术的一个杰作。

　　除去这些封建主独享的规模宏大的御苑外，各地地主、官僚也营建了一些私园，其中江南园林尤为有名，如无锡惠山园、苏州狮子林、留园、拙政园等都是极其幽雅精致的。这些私园一般只供少数人在那里饮酒、赋诗、听琴、下棋，充分地反映了它们的阶级性，但是其中多有高度艺术的处理手法和优美的风格。如何批判吸收，使供广大人民游息之用，就是今后园林设计者的课题了。

留连殿春簃

何　为

　　一提到"殿春簃"这三个字，便觉得古趣盎然，生机蓬勃，仿佛一团浓得化不开的春意迎面扑来，令人迷醉。那片醉人的春光，似乎只能留在庭园里，任何人都带不走的。

　　可是也不尽然。满园春色既是关不住的，因而也是可以分享的。不久以前，我国园林专家们以苏州网师园的"殿春簃"为原型，仿建了一座明代风格的庭园，名之为"明轩"。

　　这座独具一格的庭园建筑，全部构件193箱，于1979年12月初全部运到美国海岸，并从1980年初开始，在纽约大都会艺术博物馆的楼上平台动工兴建。

　　这是新岁之初，新华社发自联合国一条消息中报道的，如同从海外飞来的一条迎春喜讯。据报道，在世界上高楼大厦最多的那个大都市里，将出现一座古色古香的中国庭园。"殿春簃"的姐妹建筑"明轩"，作为中国人民的文化使者远渡重洋，出现在美国人民面前。

　　在我离开那个园林之城的前夕，感谢苏州主人的盛情，特意为我安排了网师园之游，在那里度过了一个诗情画意的晴秋下午。

　　热心的主人说，他喜欢城内这个占地不广的庭园。不仅仅由于这是个建于南宋的历史名园，集中了苏州园林艺术的许多特色，而且还因为它的布局紧凑，以其幽深精巧，赢得无数游客的赞赏。

我们到网师园那天，一抹秋阳斜照着长巷深处的一扇小门。廊下石壁有一方碑刻，记曰"地只数亩，而有迂回不尽之致，居虽近廛，而有云水相忘之乐"。果真，从南侧的月洞门入内，沿着围墙的庑廊信步前行，虽然市廛近在咫尺，但是尘世的喧闹繁杂则被隔绝在墙垣之外。足迹所至，只感到一种闲适，一种怡静。

人称"网师园"是"园中有园，景外有景"。当游人从由青瓦砖石嵌砌成种种图案的曲径和厅堂地面上走过，如同逐步进入明代山水小品的画景里。在翠竹环绕的"竹外一枝轩"，在苍岩合抱的"五峰书屋"，在丹桂飘香的"小山丛桂轩"，在清泉幽寂的"濯缨水榭"，在通向假山楼台的"梯云室"，以及在巨擘登高处的"月到风来亭"等等，各种轩榭亭廊之间似断若续，互相分离又配合，各自构成一幅佳景图。这些庭园建筑各有一个典雅的命题，有如看了画题便可以想见画卷上的景色。

然而，还有景外之景，常常是被人忽略的。

当你了无牵挂地漫步闲游时，行经漏窗花墙，忽见小院僻静处一株银杏，天井花坛旁一棵矮松，墙角怪石边一树古梅，仿佛画家不经意留下的一页画稿。你顿时被这个意外的发现吸引住了。于是悄然兀立，留连不忍遽去，觉得这种美的境界最宜于静观，宜于独自游赏，并且想到大自然中处处都能发现美的存在，心里充满了深深的感激。

"殿春簃"在"看松读画轩"的一侧，在繁密的花树掩映之中。古人称春末为"殿春"，"簃"即楼阁旁边的小屋，因此不妨名之曰暮春小筑。厅堂里悬挂着宫灯，堂前成排的木格花窗映入一个庭园。堂屋横匾上的题记有云："庭前隙地数弓，昔之芍药圃也，今仍补植，以复旧观。"

设想在春深似海的庭园里，有一座明净古朴的堂屋，屋前遍种芍药。暮春时节，芍药盛开，有的娇红，有的墨紫，有的玉白。在丽日春阳下，院子里宛然浮动着一层烂漫的红云，一层迷离的紫雾，一层炫目的银光。最名贵的芍药是黄色的，花开时，金色的花瓣光影斑斓，满园闪闪烁烁的金光灿然夺目。花谱中常以绰约多姿的芍药与国色天香的牡丹相提并论，足以显示其雍容华贵。芍药是在春天将尽时才怒放的，因此又别名将离，或名余容，大约是取其春天的余容犹在，却又无可奈何送春归去之意。

也许这就是"殿春簃"作为堂名的由来吧。

我们是在深秋时分来探寻这个庭园的，自然看不到风姿绝丽的芍药，可是到了"殿春簃"，一经导游者绘声绘色的描述，大有秋天里的春天之感。

现在，这整个"殿春簃"古雅素朴的建筑，厅堂内明窗几净的陈设，连同那庭园里紫藤盘踞的青石，曲径通幽的假山，泉深水碧的"涵碧泉"，芍药圃飞檐凌空的"冷泉亭"，乃至亭中一块状如苍鹰腾跃的太湖石等等，组成了一幅中国庭园画的复本。

当 20 世纪 80 年代的第一个春天来临时，"明轩"——这朵中国古典建筑艺术之花，以她光艳的姿容，开放在纽约大都会艺术博物馆的高楼上。这实际上是一朵中美友谊之花，也是一朵新时代的迎春花。我祝福她，愿她更美丽。

那天在薄暮中离开"殿春簃"，偶一回首，只见一树丹枫依墙而立，近旁一株早开的腊梅，蓓蕾满枝，古园春色，令人流连。

沈园重见旧池台

陈 朴

回到故乡绍兴，当然很想旧地重游，看一看曾因怀念而屡入梦境的名胜古迹。一天，我终于又去游了沈园。

这座同南宋大诗人陆游的婚姻悲剧有关的园林，因凄艳的爱情故事和感人的悼亡诗篇而成为千古名园。

陆游原娶表妹唐琬为妻，伉俪相得，生活美满，但陆母却十分厌恶自己的族侄女，硬逼儿子同她离异。于是，不违母命的陆游另娶王氏，唐琬也改嫁宗室子弟赵士程。10年后，陆游春日出游，在城内禹迹寺南的沈园同唐琬及其后夫相遇。唐氏遣人以酒肴款待，陆游不禁伤感万分，就在园内粉壁上题词一首，这就是著名的《钗头凤》词："红酥手，黄滕酒，满城春色宫墙柳。东风恶，欢情薄，一怀愁绪，几年离索。错，错，错！春如旧，人空瘦，泪痕红浥鲛绡透。桃花落，闲池阁，山盟虽在，锦书难托。莫，莫，莫！"唐琬看到这首词，哀伤欲绝，抑郁数年死去。据记载，唐琬生前有《钗头凤》和词一首："世情薄，人情恶，雨送黄昏花易落。晓风干，泪痕残，欲笺心事，独语斜阑。难，难，难！人成名，今非昨，病魂常似秋千索。角声寒，夜阑珊，怕人寻问，咽泪妆欢。瞒，瞒，瞒！"但不少学者认为此词不足信。

沈园之会和唐琬之死加重了陆游心中不可平复的创痛。直到暮年，陆游从鉴湖三山往地进城，总要到禹迹寺眺望寺南的沈园景色，怀念故妻深情。唐琬去世 40 年后，75 岁的陆游旧地重游，赋沈园诗二绝："城上斜阳画角哀，沈园非复旧池台。伤心桥下春波绿，曾是惊鸿照影来。""梦断香消四十年，沈园柳老不吹绵。此身行作稽山土，犹吊遗踪一泫然。"又过了 6 年，一个冬夜，陆游梦游沈氏园亭，又赋诗二绝："路近城南已怕行，沈家园里更伤情。香穿客袖梅花在，绿蘸寺桥春水生。""城南小陌又逢春，只见梅花不见人。玉骨久成泉下土，墨痕犹镴壁间尘。"到陆游逝世前一年，他又以一首七绝最后表达了对亡妻的真挚情感："沈家园里花如锦，半是当年识放翁。也信美人终作土，不堪幽梦太匆匆。"这时他已是 84 岁高龄了。

　　这座名闻遐迩的沈园，在陆游身后又经历了 700 多年的风风雨雨，虽然旧时池台已逐渐泯没，但遗址却一直存在。10 多年前，我到沈园游览时，文物管理部门已开始对遗迹进行整修。当时，明代作家祁彪佳笔下"宋时池台绝盛"的沈园，只遗留葫芦形水池一个，古井一口，杂草丛生的土阜一堆，瓦屋数间。据说，除瓦屋外都是宋代旧物。

　　如今的沈园却一改旧观，原被周围民居挤得越缩越小的小园已经大大拓宽。除原有的葫芦池，又新辟较大池塘一口，红白荷花正竞相开放；增建亭台楼阁 8 处，如"冷翠亭"、"半壁亭"、"宋井亭"、"孤鹤轩"等，设计古朴，雅趣盎然，堂馆一所，即作为陆游纪念馆的"双桂堂"，还有大小假山 2 座，仿古小桥 4 座，词壁 1 面。词壁刻有陆游《钗头凤》词和唐琬的和词。园内杂树苍翠，池荷飘香，花竹掩映，曲径通幽，同 10 多年前所见相比，眼前的沈园似乎更像史料记载的宋代园林了，尽管它大部分都是"假古董"，而且刻上唐琬和词似有"蛇足"之感。

　　笔者是不赞成为旅游地制造"假古董"的，特别是凭空臆造，以

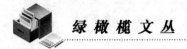

雕梁画栋为能事，或是不古不今，不中不洋，完全脱离历史实际的"古迹"，窃以为最不可取。而在原有遗址上，在修葺原物的同时，根据可靠史料，适当作一些增补，力求近似原貌而不违历史，这似乎是可行的。试看现存名胜古迹，不经历代修葺补建而能保持完好的，能有多少？但修复古迹诚然不易。从修复的艰难，我们应该吸取教训：千万不能一边苦于修复之难，一边又轻率地毁坏古迹。

阿拉丁花园

钱 娱

在特立尼达，有一个阿拉丁花园，这里盛产的鲜花畅销全世界。花园里花的种类很多，都是来自热带地区。鲜花吸引了众多的鸟类和昆虫。缨冠蜂鸟是世界上最小的两种蜂鸟之一。它的体长不超过7厘米，体重不到2克，为了保持能量，它几乎要不停地从花上补充自己需要的糖。

蜂鸟吸食花蜜时仍在飞。只有凭借高超的飞行技术才能如此。金喉红顶蜂鸟不仅有高超的飞行技巧，而且有耀眼的灿烂的红色和金色。

一条小河流过彼得·兰普斯的花园，这里生长着一种奇特的花，这种引进的花被称为夏威夷火焰花。它的花蕾从下到上有序地开放，不断地吸引着蜂鸟。当小鸟尖利的嘴压住花托底部的开口处时，花蜜被吸了出来。在花的开口另一端是产生花粉的雄蕊。当鸟的嘴压住花托底部时，花蜜就自动流出来了。与此同时，鸟嘴也粘上了花粉粒，当它到另一株花吸食时，便传播了花粉。这种精巧默契的配合使双方都得到好处。蜂鸟得到了食物，夏威夷火焰花则得以传粉受精。有好几种蜂鸟在夏威夷火焰花上取食。毛发隐蜂鸟是最喜食这种花的，它把长长的嘴深深地插到花粉管中，不断地吸取花蜜。这种极好的传粉方式，使夏威夷火焰花在特立尼达繁育昌盛。

黄管花有着更为精妙的结构。它的雄蕊和柱头有长的柄，当蜂鸟采食时，柱头被压弯，刚好碰到蜂鸟头上，这样一些花粉粒被蜂鸟带走，而另一些则被碰落，撒在其他花上，最终得以授粉。

小翠蜂鸟实在是太小了，它只能从花丝管的上部采到食物。为了能吃到更多的花蜜，它只好绕到花的后部，把花丝管啄一个洞，然后从底部吸到更多的花蜜。别看这些鸟体型纤巧，食量却很大，所以它们只能靠延长吸食时间来获取食物，从而保证生殖季节的能量消耗。

阿立普河流经花园，从特立尼达北部山区引来了新鲜的水。在河边的一片树叶下有一个铜腰翠蜂鸟的小巢，里面有两个豌豆大的蜂鸟卵。蜂鸟的生殖季节从 1 月一直到 6 月。如果年份好，在同一个巢内可能会产 3 窝幼鸟。雌蜂鸟总是要担负孵育幼鸟的任务，而不要雄鸟的帮助。当幼鸟孵化出来后，雌蜂鸟就更加忙碌了。它得为幼鸟准备昆虫、花蜜等食物。在 1 个月内从产卵到哺育幼鸟，这对雌蜂鸟来说是十分艰巨的，因为它的体重只有 10 克左右。为此，雌蜂鸟整天都在为寻找食物奔忙，而很少得到休息。

沿着河岸，另一种铜腰翠蜂鸟的鸟巢被平滑的蜘蛛网缠绕在细长的竹子枝条上。蜘蛛网的缠绕十分重要，当竹子在微风中摇动时，能使鸟巢保持稳定。在产卵之前，铜腰翠蜂鸟仔细地在巢内铺垫上柔软细嫩的纤维物。

翠蜂鸟呆在巢内时，它的深绿的体色给它提供了很好的伪装。但是，当阳光照在它身上时便会射出闪闪的金属般的光泽，铜腰翠蜂鸟也正是由此而得名的。

一个巢只要三四天就可建成，接着便是产卵。此时对小小蜂鸟的最大威胁就是大风或者那些食肉动物。

人们很难理解蜂鸟的能量平衡。如果以体重和食物重量来计算，蜂鸟飞行所消耗的能量，相当于一个人在一小时内跑了 150 千米。如

绿色地球村

果一个人能这样做，他需要每天吃掉 100 千克的葡萄糖才能维持肌肉的功能。虽然至今我们尚不清楚蜂鸟是如何保持能量平衡的，但可以肯定地说，它的肌肉是很有力量的。

幼蜂鸟在成长中从昆虫和花蜜中得到脂肪和蛋白质的混合物，它们长大后就完全依靠从花蜜中得到的葡萄糖生活了。花蜜食物的优点是葡萄糖能马上进入血液参加能量代谢。其不利之处则是这种能量消耗得很快。要保持能量平衡，蜂鸟得每天进食 9 万次之多。这些食物绝大部分是从花粉中得到补充，但有时也从昆虫那得到很少的脂肪和蛋白质以补足身体的需要。

蜂鸟的身体总是保持垂直，所以它的翅膀是以前后振动代替上下振动，这些振动产生的恒定气流托住蜂鸟的身体。它的尾巴只要轻微地活动就能使它前后活动。这看起来似乎很简单，但却需要非常精妙的协调和平衡运动。由于蜂鸟的肩关节非常灵活，它的翅膀能最大限度地旋转，使它能向后飞行。蜂鸟是惟一能向后飞行的鸟类。

或许世界存在着这样的原则，鲜花给人类的生活带来了光明，蜂鸟使鲜花受益匪浅。我们欣赏了美丽的鲜花，同时也认识了宝石般精巧的小蜂鸟。

球茎花卉的王国

王维佳

丘肯户植物园是球根花卉的天堂，它坐落于荷兰靠近海滨的哈雷姆和雷顿两城之间，气候凉爽湿润。每年都有世界各地成千上万的旅游者到这里参观。有人称，这是世界上最美的花园，荷兰的园林师为之自豪。

丘肯户植物园除了荷兰花卉王国中的"皇后"郁金香和水仙花、风信子等"名门闺秀"外，还汇集了 600 多万株球根花卉家族中大大小小的"成员"。这里的球根花卉不仅种类繁多，而且有丰富的季相变化。春天当然是最好季节，雪钟花、水仙、风信子、郁金香先后在这里开放。夏天到来之时，又有朱顶红、鸢尾及各种百合相继开花。而后，唐菖蒲、石蒜、大丽花，一直延续开到深秋。

丘肯户植物园球根花卉的布置，不同于法国的几何图案花坛，也不同于中国古典园林中的花卉点缀，而是创造一种自然界中花卉的生态条件，并按照其生长规律，运用对比、衬托、配景等园林艺术手法，加以布置。

球根花卉在中国一般是用作盆栽、切花欣赏，或是在温室中培育，即便是在南方也很少栽于露地。然而在这里却是到处可见，它们有红有粉，有紫有蓝，成片成片地铺满一地，仿佛是绿色的海洋中掀起的彩色波浪。在路旁，它们背倚绿篱，整齐地排列，好像含笑迎接远来的客人。在水边，一些耐湿的花卉又似一群天真活泼的孩子，在那里嬉闹，把倒影映在平静的水面上。在草坪上，它们或是散落在边缘，或是聚集在中央，每一株都表现出不同的风韵。

这里当然也少不了甘当"配角"的乔木、花灌木、草坪。它们在园中同样不可缺少。这里的树木、草坪、湖面及各种园内设施和球根花卉一样，经园林师的精心布局、设计和管理，使园林这门源于自然的艺术，达到了高于自然的境界。

莫奈花园的四季

叶嘉华

　　由于法国印象派画家莫奈在选择种植的花种时，已考虑到花的生长期，在他的用心营造下，使得位于艾普特河和塞纳河汇流处的吉维尼的莫奈花园一年四季皆有花可赏，随时充满生机。

　　春季百花盛开，石竹、杜鹃、黄水仙、紫罗兰、铁线莲等花，争奇斗艳，美不胜收。4～5月间，苹果花和樱花布满枝干。这时莫奈居住的粉红色房屋便会淹没在花海中，成了繁花幻境里的城堡。夏天里，天竺葵妍红、牵牛花娅紫、金盏花绽橙、向日葵怒黄，还有各色各种的玫瑰花和五颜六色的大理花，错落有致，为莫奈花园里谱出优美的色彩合弦。由于莫奈爱画睡莲，素雅的睡莲才是夏日花园的真正主角，粉红、鹅黄、浅紫、纯白的睡莲在晨雾中缓缓舒展，在阳光下慢慢挺立，在落日余光中静静送香，池水映着岸边的绿柳、竹荫，横跨莲池的日本桥则垂挂着串串的紫藤，美不胜收。

　　时序到了天高气爽的秋季，蓝色的绣球花、风铃草、百合和秋麒麟，为花园换上秋装。紧接着银杏展开黄叶，枫树点染红叶，银苇飘扬着一片细芒花。瑟瑟的秋意景象或许肃寂，但秋天的吉维尼仍不失风采。冬天的赏花场景，则由园里转到室内。莫奈为了不让四季的色彩有所留白，在花园里设计了一座温室，培养兰花和其他花朵，为的就是要让绿意延续到隔年。到了冬末春初，黄茉莉、圣诞玫瑰拔得头筹，首先登场，莫奈花园渐渐自寒冬中苏醒。随着寒冬的脚步逐渐远离，樱草、郁金香、水仙纷纷冒出头来，成群成片地绽放，莫奈花园又重新活跃起来了。

布查德花园

唐锡阳

　　还在北京，就听说温哥华岛上有一个美丽的花园——布查德花园。有幸碰到了热心的陈懋中先生，专门陪同我们游览了这个花园。一天的心旷神怡，果然名不虚传！我在世界上也见过不少花园，但规模如此宏大，设计如此精巧，内容如此丰富，立意如此高超的花园，确实使人叹为观止。

　　中国人欣赏花，除了"色"、"香"、"形"之外，更着重在"韵"。所谓韵，就是花的气质、风姿、典雅、节律、和谐等等，而且见仁见智，各有所好。如陶渊明的爱菊，林逋的爱梅，周敦颐的爱莲，都有许多动人的文字和轶事。如果用这个标准来衡量，则布查德花园可以说达到了更高更广的境界。因为我们在这里看到的，不是一株花、一个品种、一个群落，而是一个花的海洋，一个花的世界。虽然其色彩的丰富，馨香的浓郁，姿态的万千，都达到了见所未见、闻所未闻的程度，但不是花朵的堆积，不是光彩的逼人，不是豪华的炫耀，而是一种自然与思想交融的艺术。把郁金香种植在勿忘草中，把兰花作为花坛的镶边，是花园主人的个人爱好，一直作为传统保持下来。你看那以玫瑰为主题的玫瑰园，那充满异国情调的日本花园和意大利花园，还有那个造型奇特的低洼花园，如果你了解它的历史而又比较细心，就会发现这里还保存着一些曾是一个采石场的遗迹，如喷泉池边保留着几块光秃秃的石壁，一个烧窑的烟囱混杂在高大的树丛中，有三辆矿车变成了盛满鲜花的"盆景"。它们都被"融化"在花园之中，既是历史的陈迹，也是花园的一个特点。可以说，这种园艺真正体现了思想、个性的特色，好比是一幅一幅花的油画，一尊一尊花的雕塑，一首一首花的诗歌，一页一页花的乐章，或者说得准确一点，就是花和爱花的艺术。

但是，使我惊异的还不是花园本身，而是这个花园建造者的胆识、追求和毅力。因为这个地方在成为花园之前，是一个专为水泥厂提供原料的石灰石矿，经过多年的开采，已是面目全非。我们见过这个地方的历史照片，一堆堆的残岩碎石和一洼洼的臭水烂坑，不要说人，就是杂草和老鼠也不愿意在这里安家。经过几代人，将近一个世纪的努力，把一个百孔千疮的废墟变成一个最美的花园，把一处私人的宅院变成一个闻名世界的旅游胜地，这是一种何等伟大的绿色创作。因此我请求陈先生帮助，希望访问这个花园的主人，虽然创建这个花园的主人早已作古，现在管理这个花园的是其外孙、已经70多岁的英·罗斯先生。可惜罗斯先生今天不在，是两位年轻的女工作人员接待我们。她们热情地回答了我的问题，并送我们两盒录像带和一本画册——难得的是中文版的《布查德花园》。我这才粗略地知道了这个花园的历史。

这个采石场，也就是这个花园的主人，是罗斯先生的外祖父，即加拿大第一批投资生产水泥的企业家布查德先生。而这个花园的创始者应该说是布查德先生的妻子。当时这位来自多伦多的年轻漂亮的珍妮女士，似乎对什么事都有特殊的兴趣。她喜欢运动，特别是骑马；她是一位业余画家，又是第一个飞越英吉利海峡的女飞行员。她爱美，爱艺术，爱生活，爱自然，而且天生一个爱无止境，爱到底，要爱出一个名堂的性格。

当她站在这片废墟的最高处，环视四周满目疮痍的景象时，激发起一种要在这里开辟出一个花园的想法。这在当时来说，既是幻想，也是她的决心。在一个没有泥土、没有水源、没有生命的烂石窝里营造一个花园，谈何容易；而且她对园艺可以说是一窍不通，但她还是亲自动手，从美化庭院开始了。当她第一次从朋友手里看到一点豌豆和玫瑰花的种子，并把它们撒播在房檐底下的时候，她自己也没有意识到这是世界上一个伟大的园艺探索的开始。接着他们投入了大量的人力物力，把碎石垒成山丘和花床；把低洼的矿坑灌成湖池；用马拉车推，从农田里运来了成千上万吨的泥土；为了"装饰"悬崖峭壁，他们用绳索把人悬吊在半空中，把泥土和种子塞进石缝里，让各种草本灌木丛，甚至珍贵的乔木在鸟儿也不落脚的地方扎根。当然，真正的爱好和创作，还是躬亲的实践。后来从她女儿的日记中知道，布查德夫人有一次从国外旅行归来的第二天，在花园里竟勤奋地连续工作了 12 个小时。

他们建设这个花园，仅仅是为了自己的爱好，在初具规模以后，也欢迎别人来分享他们的成果。所以他们的宅院曾经命名为'Benvenuto"，这意大利文的意思是"迎宾"。他们欢迎所有的亲戚朋友和过路的陌生人，不仅可以在这里赏花，还有茶水招待。如果遇到"知音"，即使是从不相识的客人，也要留下来共进晚餐。花园的魅力和主人的好客，吸引着越来越多的游人。据 1915 年一年的统计，他们就为 1.8 万人供应过茶水。客人们的惊异和赞赏，更加鼓舞了布查德夫人的乐趣。她也经常亲自为客人端茶倒水，以能够把花园的美奉献给别人和聆听别人的赞誉作为自己的快乐。有位来访的绅士不认识她，被她那温文尔雅的态度所感动，要给她留下小费，她谦逊地回答道："不用，谢谢先生。布查德夫人从来不接受任何东西。"她的心，也和花一样，总是给人以美，以馨香，以欢快。

有一次，来了一位年轻的英国军官，与其说是赞美这个花园，还不如是在炫耀自己，他有十足把握地说："你们这个花园的花色品种虽多，但有一种肯定没有。"

布查德夫人谦逊地问道："是什么花呢?"

"蓝色的西藏罂粟花。"因为他就是由于在中国发现了这种美丽的罂粟花而获得了皇家地理学会奖励的贝利。

布查德夫人当时没有说什么，在领他参观花园时，穿过庭院，往北走不远，指着一丛蓝色的罂粟花说："你说的就是这种花吗?"

这位年轻人简直目瞪口呆了，这正是他所发现的花，而且比生长在喜马拉雅山高原上的还要漂亮。原来是爱丁堡植物园收到了贝利的花种以后，立即与布查德夫人分享了这一原种。布查德夫人因此也感到特别的光荣，自从1920年以来，就一直以拥有这种来自中国的名花作为布查德花园的骄傲。

布查德先生为他妻子的创举而自豪，允许她随意调集工厂的工人进行扩建工作。除了养花种树以外，还修建了凉亭、水池、喷泉和瀑布。他们还利用外出旅行的机会，到世界各地采集形形色色的种子，把奇花异草引进到自己的园圃中来。在这个华丽的花园里，很少发现有"请勿动手"的告示，但为了保护园中的树木，又特别在其中一棵树上，挂着"请留下姓名"的牌子，以满足某些游客愿意留下"某某到此一游"的癖好。后来我们到卡尔加里住在圣玛丽学院里，也遇到了一个异曲同工的做法。学院新落成了一栋漂亮的教学楼，门前有一块巨大的岩石正准备搬走，多事的学生夜里在上面画了很多画。这事被校长知道了，就决定把这块岩石留下来，专门留给学生们随便涂画，写字也行，画画也行，涂什么都行，而且今天可以覆盖昨天的。所以这块岩石就成了一块五光十色，变化无常，最吸引"作者"和"观众"，也是校园特点之一的岩石。看来在我们中国的一些旅游地区，既要保护环境和文物，反对"乾隆遗风"，也不妨搞点因势利导的妙着。

这个花园的老主人去世了，他们的女儿和外孙继承这个事业以后，仍在扩充和发展这个花园。现在不仅有温室、植物标本中心、餐馆、咖啡厅、礼品店，而且在旅游季节的每个夜晚还增添了露天音乐短剧和灯光焰火晚会，使这里成为一个远近游客更为向往的地方。这个花园自从 1904 年开放，现在每年游客已达 75 万，其中约 40％是来自加拿大以外的游客。从这一点也足以说明这个花园的名气和影响。

人们早忘记了他们为开发事业而破坏了一片海岸森林的过失，却永远记住了他们美化一片环境的功绩。由于布查德花园给当地带来了声誉和荣耀，所以布查德先生被授予了象征自由城的维多利亚金钥匙，而布查德夫人荣获一个很有纪念意义的银盘。后来罗斯先生也被授予加拿大国家勋章。当然，更大的荣誉是越来越多的人在这个美丽的花园里，感受到人和自然之间以及人和人之间和平与融洽的气氛，不同程度地在美学、道德或人生的旅程中上了难忘的一课。

每个人都需要美

侯文蕙

　　缪尔在旧金山时寄住在朋友家里。在他的房间里,通过窗户,可以看到隔壁人家的后院和阳台。这是一个没有母亲的家庭,有一个整日在外工作的父亲和几个男孩,照顾他们的全部任务都落在一个几乎还是孩子的小女儿身上。缪尔注意到,在她家后院阳台的小架子上,小女孩有一排种在罐头盒和破损的陶罐里的植物:天竺葵、郁金香和一种小蔷薇。这是她的花园。尽管家务繁重,她仍能细心地照顾着它。常常可以看见她在忙家务时偷空去摆弄它们,温柔和怜爱地观察着她的植物朋友。缪尔被深深地触动了:一幅令人沉思的画面——一个人心中的大自然。这个画面中的情景是高山也遮不住的。

　　缪尔对他窗外的这幕平淡而无情节的演出百看不厌。大概,正是这个小女孩使他更加坚定了他早已有的信念:人离不开自然。即使在拥挤肮脏的与大自然隔绝的城市里,人的受到压制的自然天性也并没有完全泯灭——人属于自然。根据他自身的体会和经验,他确信,要成为一个在身体上和心灵上都健全的人,就必须不断地到森林去,到荒野去。因为自然是人的精神源泉,只有在那里,人才能恢复自我。他说:"到森林去就是回家去,因为我认为我们本来就来自森林。……在这儿,一切都是殷勤和善意的,好像早就打算要使你愉快,去满足身体和灵魂的每一种需求。"因此，在文明步步前进，而荒野节节败退的情况下，为了美国人精神上的未来，保存残留的荒野便成了必须和迫不及待的任务。他认为，建立国家公园和森林保护区是一种最好的形式，1877年2月，他发表了公开讲演，题为《上帝最早的圣殿：我们将怎样保护我们的森林》，提出了通过立法，由政府控制森林的建议。

实际上，在1859年，梭罗就提出过每个城市都应保存一部分森林和荒野的建议，以便城里人能从中取得"精神上的营养"。1872年，美国已有了第一个国家公园——黄石公园。但是，梭罗保留荒野的思想并没有受到重视，更没有变为现实，而黄石公园建立的初衷也并不在自然保护，前面说过，它是当做像古玩一样的一件珍品那样被保存下来的。而缪尔的国家公园思想包含着两层含义。

一是生态上的考虑。当他刚进入塞拉山当牧人时，他就发现，过度的放牧严重地破坏了草甸。他说："当羊群前进时，野花、植被、青草、土壤、丰硕和深情都消失了。"1899年，他再次来到这里，发现情况比10年前更糟。原来在塞拉山森林里的非常美丽的空地，现在是那么"荒凉和难看，就像一张被疾病所折磨的面孔"。他指出，如果不唤起公众的舆论，很快或以后太平洋沿岸和落基山的山谷及森林，也将遭到同样的命运。他说，当年梭罗在看到毁灭中的新英格兰的森林时，曾叹息道："谢谢上帝，至少天空还是安全的！"但是，如果现在梭罗还活着，并且到西部来，他就会发现，甚至天空也不安全了。因为在所有山区的上空，整个夏季都弥漫着工厂和森林火灾的黑烟，以至阳光都难以透过来。整个天空，以及云彩、太阳、月亮、星星都被遮盖了。美国原有着世界上最好和最美的森林，但随着移民的迁入和经济的发展，东部和东北部的森林已经消失，西部的森林也在受着威胁。缪尔认为，这一切的前因后果都是与人的行为相联系的，尤其是由追逐经济利益而导致的掠夺自然的行为。他以加利福尼亚的红杉为例来说明。

红杉是加利福尼亚的特产，木质呈红色，一般树身可高达 92 米，直径为 3～5 米，有的甚至可高 100～120 米，直径 6 米。这种树沿着海岸山的西半坡，形成了一个宽约 16 千米，长达 640 千米的林带。红杉林的地面上还长着美丽的蕨类和其他植物。红杉的高大挺拔的树身和优秀的木质，导致了它悲惨的命运。它们几乎全部落到私人企业手中，被伐殆尽。

面对诸如此类的状况，缪尔警告说："如果这些山上的树和灌木都被砍掉，并因为放牧，或牧人的篝火引起火灾，还有那些工厂主、探矿者、碰运气者们和各种各样的冒险者们，使地面裸露，草甸消失，那么，不论低地和山上，都将很快和沙漠一样了。"随之，雨水、雪水将会冲刷掉山上的土壤，旱灾和不毛之地将接踵而来。因此，缪尔认为，挽救森林，已成当务之急，刻不容缓。而要做到这一点，就必须通过立法权力，由政府将森林收归国有，并控制使用。他批评说："几乎每个文明的国家都能教育人们去管理和爱护森林。但我们的政府至今还没有做过什么对它的森林有效的事。尽管它的森林是世界上最好的，它却像一个富有而愚蠢的败家子，继承了一笔可观和完备的地产，然后就听凭它的田野、草地、森林、公园被卖掉，被掠走，被挥霍掉，以为它们是永不枯竭的资源。"

但是，从生态来考虑国家公园的必要性，只是缪尔思想的一方面。他的另一方面，甚至可以说是更深层的方面和根本的出发点，却是他的超功利的价值观。那就是他认为，每个人都需要面包，也需要美。他说："我一直尽我最大的努力去展示我们的野山森林保护区和公园的美丽、壮观及其用途，以激励人们来这里欣赏它们，并使它们进入人们的心中，目的是保证它们受到保护和得到正确的使用。"但是，只有当人们不把自然当成自己的对立面，不把它当成征服的对象时，才可能去欣赏它的美。缪尔与大自然的心灵感应，使他的审美观超出了人的生理要求，从而能够发现自然在经济价值以外的价值。在他的眼里，自然界的一切都是美的，甚至暴风雨，也因为它的那种极端的、"甚至会招致毁灭的认真态度"而富有特别的魅力。

当然，审美情趣的主观成分是很大的，它需要想象，更受情感的驱使。缪尔对大自然的感受，是出自他对自然生命力的接受和理解，是来自内心的一种情感。有一次，他曾劝告一个青年："年轻人，你为什么这样匆忙？如果你的速度那样快，你就将错过最难得的机会去看大自然中最好的部分。你必须沿途漫游，让这种少有的美渗透到脑际中。"缪尔的大自然是通过他自己的双脚、身体，甚至他的心所接触的自然，实际上，就是他自身情感的表达。尽管他接受了达尔文的进化论，但是经他描述的自然却有着与后者完全不同的形象。在达尔文的进化论中，本来包含着两个方面：为生存而进行的斗争和为生存而进行的合作。但是，19世纪后半期的美国，在拓荒和淘金中，环境的艰辛和人情的冷漠似乎更易让人接受它竞争的一面，这样，达尔文眼中的自然界便成了一个只有"适者生存，弱肉强食"的悲惨世界，以致连他的学说也被称作是"阴沉、忧郁的科学"。但是，缪尔眼中的自然界全然不同。它是和谐的，生气勃勃的，就连一些最不引人注目的小动物，在缪尔看来，也有着令人惊异的生命力，是构成这个大千世界的不可缺少的部分。

在《加利福尼亚的山》一书中，缪尔曾不厌其烦地、详尽而生动地描述过他在塞拉山的10年当中对一些极普遍但又不为人注意的小动物，例如水鹟。这是一种褐色的、栖居在深山的水鸟，分布在从阿拉斯加墨西哥的太平洋沿岸，东至落基山脉的广阔地区。按缪尔的说法，它是那么小，那么不起眼，甚至没有敌人去残害它，因为它的身体小到不值得跟踪到深山去吃它。但是，这种褐色的水鸟不仅有婉转的歌喉，而且有一种特殊的勇气——它是惟一敢于冲进白色湍急瀑布的鸟，它能适应四季各种恶劣气候，是生命力极强的鸟。但是，在很长的时间里，它都未引起自然科学家的注意，著名鸟类学家奥杜朋的书中甚至不曾提到它。而缪尔说，顺着它的小小的有力双翼所飞过的弯弯曲曲的小溪，跟着它穿过阴暗的峡谷和冰冷的白雪覆盖的通道，就会发现，在每一个瀑布边上都回响着它们庄严的音乐。"它们全部的生命力都说明，我们因为自己的不敬，而视作可怕的急流和风暴的声音，也只是上帝发自内心的爱的多种表达。"

缪尔根据自己的切身体会，得出了每个有生命的动物或植物都是值得尊敬的结论，人没有权利为了自己的私利去残害他们。他说："没有人，世界将是不完全的；没有那些栖息在我们自负的眼睛和知识所看不到的地方的微小的动物，世界也是不完全的。"他认为自己有义务让人们懂得这一点，他希望能够通过国家公园，把人们带到那些曾使他有了这种觉悟的地方，去认识大自然的美学价值。

缪尔决心走出荒野，步入社会，为了他所热爱的荒野和森林，用笔、用声音去唤起舆论，去敦促政府完成一个伟大的事业，一个神圣的使命。

"空中花园"风景线

韩希贤

屋顶，素有城市建筑物"第五立面"之称。努力把经济特区建设成为国际花园城市的深圳人，把屋顶绿化、美化看得很重。到 2000 年 4 月底，全市已完成屋顶绿化、美化面积 181 万平方米，"空中花园"已初具规模。

继深圳之后，2000 年 11 月广州市决定在两年内实施"绿化覆盖工程"，将使该市的 1000 万平方米的屋顶变成绿地。据专家估算，1000 万平方米的绿地，可以吸收 10 亿克二氧化碳，制造 7.5 亿克氧气，满足 30 万人碳氧平衡的需求，并可降低城市温度 2℃～3℃。

最近，杭州市建设委员会等有关部门就"屋顶花园"作专题研究。事实上，在杭州市内几处居民区于早几年便自筹资金建了几处"屋顶花园"。只见屋顶上曲径通幽，绿草茵茵，杨柳依依；不但有盆景、山石、喷泉，还有"热带园"，造型独特的玻璃房内，除了各种热带花草外，竟还有星罗棋布的菠萝和香蕉，整个屋顶生机勃勃。杭州"黄金地段"的几家大酒店在屋顶种花植草，推出了"月光吧"，把假山、流水及音乐、娱乐、饮食等一起"请"上平台绿地，让人去享受，同时领略到"城市里的村庄"乐趣。

现代高科技为兴建"屋顶花园"奠定了物质基础，例如人造轻量土壤、防水布及喷塑夹层防渗漏技术等。肥料使用的是混合肥料及厨房废料的混合物。据估算，面积约700平方米的屋顶温室可为约3000人供应新鲜蔬菜呢。

建设屋顶花园有助于营造生态环境。浙江永康唐先镇金畈村，有一科技户曾建起了这样一座住宅楼：建筑时，先在地下建沼气池、过滤井、净水井；一层建猪舍、水泵房和副业生产房；二层为生活起居区；三楼为学习、娱乐区；屋顶取消传统隔热层，按防渗要求施工后，培土层20厘米，建成高质量的"空中菜园"；屋顶四周墙体上方建槽填深土层，栽种柑橘和葡萄等果树，年产蔬菜和水果达上千千克。令人感兴趣的是，人畜粪便和副业产品加工下脚料及垃圾倒入沼气池发酵产生沼气，沼气供全楼照明及做饭炒菜使用；沼液通过泵房抽到屋顶作蔬菜、果园的优质肥料。供水系统通过泵房几根不同用途的水管循环流通，整幢住宅成为一个生态环境体系。这种楼居室冬暖夏凉，还能改善住宅周围的小气候。

"屋顶花园"目前在美国、西欧、澳大利亚等国家和地区兴起，尤其"岛国"日本，寸地寸金，对这空间绿化计划更为重视。而荷兰、意大利、新西兰等一些国家对农村的住宅屋顶进行绿色和生态相结合的改革尤感兴趣。

五、呼唤春天

不到园林，怎知春色如许

钱学森

当我们到我国的名园去游览的时候，谁不因为我们具有这些祖国文化的宝贵遗产而感到骄傲？谁不对创造这些杰出作品的劳动人民表示敬意？就以北京颐和园来说，它本身已经是很美妙了，但当我们从昆明湖东岸的知春亭西望群峰，更觉得全园的布置很像把本来不在园内的西山也吸收进来了，作为整体景观的一个组成部分。这种雄伟的气概怕在全世界任何别的地方很少见到的吧。我国园林的特点是建筑物有规则的形状和山岩、树木等不规则的形状的对比，在布置里有疏有密，有对称也有不对称，但是总的来看却又是调和的。也可以说是平衡中有变化，而变化中又有平衡，是一种动的平衡。在这一方面我们也可以用我国的园林比较我国传统的山水画或花卉画，其妙在像自然又不像自然，比自然界有更进一层的加工，是在提炼自然美的基础上又加以创造。

世界上其他国家的园林，大多以建筑物为主，树木为辅，或是限于平面布置，没有立体的安排。而我国的园林是以利用地形，改造地形，因而突破平面，并且我们的园林是以建筑物、山岩、树木等综合起来达到它的效果的。如果说，别国的园林是建筑物的延伸，他们的园林设计是建筑设计的附属品，他们的园林学是建筑学的一个分支，那么，我们的园林设计比建筑设计要更带有综合性，我们的园林学也就不是建筑学的一个分支，而是与它占有同等地位的一门美术学科。

话虽如此，但是园林学也有和建筑学十分类似的一点，这就是两门学问都是介乎纯美术和工程技术之间的，是以工程技术为基础的美术学科。要造湖，就得知道当地的水位、土壤的渗透性、水源流量、水面蒸发量等；要造山，就得有土力学的知识，知道在什么情形下需要加墙以防塌陷；要造林，就得知道各树种的习性、生态等。总之，园林设计上需要有关自然科学以及工程技术的知识。我们也许可以称园林专家为美术工程师吧。

我国的园林学是祖国文化遗产里的一粒明珠。虽然在过去的岁月里它是为封建主们服务的，但是在新时代中它一样可以为广大人民服务，美化人民的生活。而且实际上我们国家正在进行大规模的建设，其中也包括了不少人民文化休息的场所，旧有的园林也有部分在改建。怎样把这一项工作做得好，就要求我们研究并掌握我国园林学，把它应用到这项工作里来。所以整理我国园林学也是一件实际上有需要的事。况且我们现有的几位在传统园林设计有专长的学者又都不是年轻的人了，再不请他们把学问传给年轻的后代，就会造成我国文化上的损失。

当然，我国的园林设计还不止是一个承继以往的问题，在新的社会、新的环境、新的时代对它会提出新的要求，也就因而把园林学的内容更加丰富起来。我们可以用分隔北京城里北海和中南海的桥作例，这座桥在封建王朝的时候是很窄的，给帝王的行列走走也许是够了。可是到了人民自己作主的时代，人民的队伍和步伐要壮大得多，原来的窄桥就不够用了，在扩建这座桥的时候，也许有人会摇头叹气，不胜惆怅，其实这些人都白花心思了，扩建后的大桥比旧桥更美丽，而其豪迈的气魄也非皇帝们所能想像得出的。此外，园林设计之所以

必然会有更大的发展还有另一个原因。既然限制园林设计的是工程技术的条件，而工程技术是随着时间在不断发展的；昨天不可能的事，今天就行了；而今天不可能的事，也许明天就行了。园林设计也决不会停留在前人的基础上的，园林学还是要继续有新发展。

我们在园林学方面的工作看来做得还不够。我们虽然做了一些调查研究，但是在最重要的培养青年园林设计师方面，似乎只有在北京林业学院里的一个城市及居民区绿化专业。就连这个仅有的专业其实内容也是偏重绿化建设，与我们在前面所讲的承继并发扬我国传统的园林学看来还有些距离。所以我们应该更广泛地和更深刻地来考虑发展我国园林学的问题。只要我们组织起来，有计划地开展这项工作，我国民族文化遗产中的这粒明珠就一定会放出前所未有的光彩！

春来半岛

余光中

绛纱弟子音尘绝，鸾镜佳人旧会稀。

今日致身歌舞地，木棉花暖鹧鸪飞。

1000多年前李商隐所写的这首《李卫公》，凄厉不堪回首，令人不禁想起更古的一首七绝——杜甫的《江南逢李龟年》。不过，《李卫公》的景物是写广州，也可泛指岭南，比江南又更远一点，而如果不管前两句，单看最后一句，"木棉花暖鹧鸪飞"则真是春和景明，绮艳极了，尤其一个"暖"字，真正是木棉花开的感觉。

木棉是亚热带和热带常见的花树，从岭南一直燃烧到马来西亚和印度。最巧的是，今年它同时当选为高雄和广州的市花，真可谓红遍两岸。南海波暖，一到4月，几场回春的谷雨过后，木棉的野火一路烧来这岭南之南的一角半岛。每次驶车进城，回旋高低的大埔路旁，那一炬又一炬壮烈的火把，烧得人颊暖眼热，不由也染上一番英雄气概。木棉是高大的落叶乔木，树干直立17米，枝柯的姿态朗爽，花蕾的颜色鲜丽，而且先绽花后发叶，亮橙色的满树繁花，不杂片叶，有一种剖心相示的烈士血性，真令四周的风景都感动起来。一路检阅春天的这一队前卫，壮观极了。

然后是布谷声里，各色的杜鹃都破土而绽，粉白的，浅绛的，深红的，香港中文大学的草坡上，一片迷霞错锦，看得人心都乱了。可以想见，在海蓝的对岸，春天也登陆了吧，我当过年轻讲师的那几座校园里，此花更是当令，霞肆锦骄的杜鹃花城里，只缺了一个迟迟的归人。

和木棉形成对照的，是娇柔媚人的洋紫荆，俗称香港兰树，1965年后成为香港的市花。不过此花从初冬一直开到初春，不能算春天嫡系的花族。沙田一带，尤其是中文大学的校区，春来最引人注目、停步、徘徊怜惜而不忍匆匆路过的一种花树，因为相似而常被误为洋紫荆的，是名字奇异的"宫粉羊蹄甲"，英文俗称驼蹄树，此树花开五瓣，嫩蕊纤长，葩作淡玫红色，瓣上可见火赤的纹路。美中不足，是陪衬的荷色绿叶岔分双瓣，不够精致，好在花季盛时，不见片叶，只见满树的灿锦烂绣，把4月的景色对准了焦点，十足的一派唯美主义。正对我研究室窗下，便有一行宫粉羊蹄甲，花事焕发长达一月，而雨中清鲜，雾中飘逸，日下则暖热蒸腾，不可逼视，整个4月都令我蠢蠢不安。美，总是令人分心的。还有一种宫粉羊蹄甲开的是秀逸皎白的花，其白，艳不可近，纯不可渎，崇基学院的坡堤上颇有几株，每次雨中路过，我总是看到绝望才离开。

雾雨交替的季节，路旁还有一种矮矮的花树，名字很怪，叫裂斗锥栗，发花的姿态也很别致。其叶肥大而翠绿，其花却在枝梢丛丛迸发，辐射成一瓣瓣乳酪色的20厘米长的长针，远远看去，像一群白刺猬在集会，令人吃惊，而开花开得如此怒发奋髭，又令人失笑。

毕竟是春天了，连带点僧气和道貌的松杉，也不由自主地透出了几分妖媚。阳台下面一望澄净，是进则为海、退则为湖的吐露港，但海和我之间却虚掩着一排松树，不使风水一览无余，也不让我昼啸夜吟悉被山魅水娇窥去，颇有罗汉把关的气象。不过这一排松树不是罗汉松，而是马尾松。挺立的苍干，疏疏的翠柯，却披上其密如绣其虚如烟的千亿针叶，无论是近仰远观，久了，就会有那么一点禅意。松树的一切都令人感到肃静高古。即使满地的松针和龙鳞开剥的松果，也无不饱含诗意。"空山松子落"，恐怕是禅意最高的诗句了吧？在一切花香之上，松香是最耐闻的。在一切音籁之上，松涛是最耐听的。

就连老僧一般的松树，4月间也忽然抽长出满是花粉的浅黄色烛形长苞，满树都是，恍若翡翠的巨烛台上，满擎着千枝黄烛，即使夜里，也予人半昧半明的感觉。如果一片山坡上都供着这些壮丽的烛台，就更像祭坛了。梵高看到，岂不大狂？最美是雾季来时，白茫茫的混沌背景上，反映着阳台下那一排松影，笔触干净，线条清晰，那种水墨情趣，真值得雾失楼台，泯灭一切的形象来加以突出。

沙田这一带，也偶见凤凰木、夹竹桃之类，令人隔海想念台湾。不过最使人触目动心，至于落入言诠的，却是掩映路旁翳蔽坡侧的相思树，本地人称台湾相思。以前在台湾初识相思树，是在东海大学的山上，校门进去，柏油路两侧，枝接柯连，翠叶翳天的就是此树。叶珊说"这就是相思"，给我的印象很深。当时觉得此树不但名字取得浪漫，便于入时，树的本身也够俊美，非独枝干依依，色调在粉黄之中带着灰褐，很是低柔，而且纤叶细长，头尾尖秀，状如眉月，在枝上左右平行地抽发如箆，紧密的梳齿，梳暗了远远的天色，却又不像凤凰木的排叶那么严整不苟。

没有料到来到沙田，四野的相思树茂荫成木，风起处，春天遍地的绿旗招展，竟有一半是此树，中文大学的车道旁，相思林的翠旌交映，逶迤不绝，连车尘都有一点香了。以前不知相思树有花，来沙田7年也未见到花影，今年却不知何故，或许是雨水正合时吧，到了4月中旬，碧秋楼下石阶右边的相思丛林，不但换上翠绿的新叶，而且绽开粉黄如绒球的一簇簇花来，衬在丛叶之间，起初不过点点碎金，等到发得盛了，其势如喷如爆，黄与绿争，一场油酥酥的春雨过后，山前山后，坡顶坡底，迎目都是一树树猖狂的金碧，正如我在诗中所说："虚幻如爱情故事的插图。"

这爱情树不但虏人的眼睛，还要诱人的鼻孔。只要走入了它的势力范围，就有一股股飘忽不定而又馥郁迷人的暗香，有意无意地不断袭来，你的抵抗力很快就解除了。你若有所失地仰起脸来，向这一片异香行深呼吸，而春深似海，无论你的横膈膜如何鼓动，双肺的小风箱能吐纳多少芳泽？几个回合下来，你便餍足了。满林的香气，就这么如纱如网，牵惹着醺醺的行人，从 4 月底到 6 月初，暗施其金黄的蛊术。每次风后，黄绒便纷纷摇落如金粉，雨后呢，更是满地的碎金了，行人即使要避免践踏，只怕也无处可以落脚。最后，树上的金黄已少于地上的金黄，黄金的春光便让给了青翠的暑色。一场花季，都碾成车尘。

相思树原产于台湾及菲律宾，却无人叫做菲律宾相思。台湾相思的名字真好，虽然不是为我而取，却牵动我多少的联想。树名如此惹人，恐怕跟小时候读的唐诗有关，"红豆生南国，春来发几枝？愿君多采撷，此物最相思。"这么深永天然的好诗，只怕我一辈子也写不出来的了。不过此地的红豆，一名相思子，相传古时有人客死边地，其妇在树下恸哭而卒，却不是台湾相思的果实，未免扫兴。王维诗句这么动人遐思，当然在于红豆的形象，可是南国的魅力，也不可抵抗。小时候读这首诗，身在江南，心里的"南国"本来渺茫无着，隐隐约约，或者就在岭南吧，其实，"木棉花暖鹧鸪飞"，也是一种南国情景。那时的江南少年，幼稚而又无知，怎料得到他的后半辈子，竟然更在南国以南。

春到华尔腾湖

张 放

　　从剑桥市哈佛广场出发，约一小时车程，眼前便是一派春意盎然的森林。4月上旬的阳光，洒在寂静的丘陵上，也洒在湛蓝色的湖面上。眼前的美妙景色比诗还美。爬上一块山坡，晶儿把车子停下来，她嘱咐我俩裹紧外套，外面很冷。跨出车厢，她指着前面矗立的一间黑色小木屋："爸呀，这是梭罗当年住的小屋子。"

　　梭罗的小木屋约两坪大，靠窗置一张床，床边一小桌，三只凳子，其他用具有火钳、壶、锅、面盆、刀叉、盘、杯、罐等，还有一盏油灯。惟一的装饰物是屋内挂着一面镜子。从梭罗的家具看来，他过的是最简单朴素的生活，像 2000 年前孔子的门徒颜渊，一箪食，一瓢饮，住在陋巷，过着勤苦的学习生活。

　　梭罗在《湖滨散记》中写道：

　　"当我看到一个移民，带着他的全部家产的大包裹，蹒跚而行——那包裹好像他脖子后头长出来的一个大瘤，——我真可怜他，并不因为他只有那么一点儿，倒是因为他把这一切带着跑路。"

　　梭罗故居的前面，竖立着一块蓝色木牌，上面以白色油漆字记录出他来此隐居的事迹。他于 1845 年 7 月 4 日住进这间亲手搭建的小木屋，度过两年零两月的离群而居的时光。直到 1847 年 9 月 6 日离开，才结束了他体验的所谓原始生活。那时梭罗年仅二十八九岁。他的"为赋新词强说愁"的心境，与其说他自私或怪异，不如评其幼稚天真，充满浪漫主义气息，比较贴切恰当。

这位思想上属于所谓先验主义的作家，主张回归自然。选择宁静的华尔腾湖畔，想是经过细密思考过程。梭罗在住屋附近开垦土地，种玉米、萝卜、豌豆、甘薯。走下湖去，脚下有成群的鲈鱼和银鱼，即使在湖面封冻的季节，梭罗也可以在冰上挖洞，钓梭鱼烹调来吃。早期的新英格兰人从英国移民来此，大多为清教徒，不吸烟、不饮酒、不看戏、不跳舞，生活严谨规律，工作努力勤奋，梭罗便是带着早期英国移民者的传统精神，在华尔腾湖岸度过两年的鲁宾逊式的飘泊生涯。

华尔腾湖在春光明媚的季节，实在美得动人。湖水清澈见底，游鱼可数。环湖沿岸有人钓鱼、休憩。沿湖尽是高大的松树、枫树、橡树和胡桃树。湖水随着天气的变化而呈现不同的颜色，有时蓝，有时绿，有时青，让人留连忘返，百看不厌。华尔腾湖大抵在每年4月初，便可解冻。梭罗在他写的《湖滨散记》上，有这样的记录："1845年，华尔腾湖在4月1日全部开冻；1846年，3月25日；1847年，4月8日；1851年，3月28日；1852年，4月18日；1853年，3月23日；1854年，4月7日。"到了炎热而短暂的夏季，不少青年男女来此游泳。晶儿最喜爱运动，每日跑2千米，风雨无阻，跑回来像小狗似的直喘气。夏季，每到周末她总驾车来华尔腾湖游泳。湖水虽洁净，但却极深。她一口气能游到湖中央，再游转回岸。她妈闻之甚为不满，若是万一腿肚子抽筋，那多危险！晶儿指着湖岸的一栋灰色楼房说：美国救生员眼观四方，他们都像《水浒传》上的浪里白条张顺，他们会救助的。听罢晶儿的话，并不因此放心。但我却默然无语。

我们3人沿湖漫步，常见松鼠在树下滚筋斗，野兔子贼头贼脑追

绿色地球村

逐赛跑。白杨树上的红眉鸟，发出"兹兹，遮遮，拉拉"的悦耳鸣声。这周周的景致与声音，让我像喝下 90 度金门大曲一般沉醉。我不禁吟起梭罗年轻时写的诗稿：

"这不是我的梦，

来装饰一行诗；

我不能比在华尔腾生活得更接近上帝和天堂。

我是它的圆石岸，

飘送过它的风；

在我一握的掌中是它的水，它的沙，

而它最深邃的隐僻之处却高高地躺卧在我的思想中。"

是啊，我在为期 5 周的美国新英格兰区旅途中，看到资本主义制度下的人民，过着紧张、忙碌的生括，每个人被压得头晕脑胀。读了梭罗的田园诗般的诗和散文，顿时清凉解渴，犹如三伏六月天饮下一碗绿豆汤，过瘾。

华尔腾湖依然无恙，但那位歌颂它的梭罗，身在何处？

蟾蜍断想

［英］乔治·奥威尔

　　犹未见新燕呢喃，尚未闻水仙清香，银莲花期方过不久，便有蟾蜍以自己的方式向春天的来临致意。它钻出自去秋起便蛰伏其中的地洞，快速爬向最近便的一处水塘。某种事物——也许是地球内部的某种震颤，也许仅仅是气温的若干度回升——告诉它，是苏醒过来的时候了。不过，偶尔也会有那么几个蟾蜍似乎成天价地睡觉而睡过了头，未能及时苏醒——反正我曾不止一次在仲夏日挖到它们，大都成活着，而且都显然无恙。

　　经过长时间的禁食，这一时期的蟾蜍显得超凡脱俗，就像一个临近大斋节①结束仍执礼甚恭的英国国教徒一样。其动作懈怠无力却又目标明确，它身体缩小了许多，相比之下两眼则大得出奇。这就令人注意到平素未必会注意的一件事：蟾蜍有着生灵中最美丽的眼睛。那眼睛金子一般，或者更确切地说，像那种常见于图章戒指上的我猜是叫做金绿宝石的半宝石一般。

　　入水后的头几天里，蟾蜍专心觅食小昆虫以积聚体力。它很快恢复到原来那涨鼓鼓的模样，随后便进入一个旺盛的发情期。大凡是雄蟾蜍，它便一心只想抱搂着什么，要是你给它一截小棍子，或哪怕只是你的手指，它都会以惊人的力量紧抱不放，得过好一阵才明白过来那并不是雌蟾蜍。人们常常可以看到十来个蟾蜍雌雄不分地紧紧地抱成一团在水中翻滚着，但渐渐地，它们成双作对地分开，雄蟾蜍稳坐在雌蟾蜍背上。雌雄是辨别得出的，因为雄的体小色暗，并坐在上面，前肢紧抱雌的颈项。一两天后便有长串的卵产出，它们散布在芦丛内外，不久便消失了踪影。再过几个星期，水中便欢腾起一群群小蝌蚪，它们日长夜大，先出后腿，再长前腿，接着蜕去尾巴，到了仲夏时节，五脏俱全的新一代蟾蜍便爬出水面，开始了新的轮回。蟾蜍排卵是最能深深吸引我的春天的迹象之一，但我也清楚，不少人讨厌爬行动物和两栖动物，蟾蜍不同于云雀或报春花，向来得不到诗人们的吟诵。

春天的欢乐人可共享，而又不花分文。即便是在脏乱的街区。春天的来临也会以某种迹象显示它自己，也许只是林立的烟囱间的一片碧空，或是某个遭受空袭地区②一枝接骨木绽出的点点嫩绿。大自然竟能在伦敦的心脏地带，可说是未经官方许可就存在下去，实在令人惊叹。我见到过从煤气厂上空飞掠而过的红隼鸟，也聆听过尤斯顿路上乌鸫鸟的精彩演唱。在 6 千米方圆的城内栖息的鸟儿，如果没有数百万只的话，至少也有数十万只，想到它们栖居于此，不觉令人欣慰。

至于春天，即使是英格兰银行附近那些狭窄阴暗的街道，也无法将其拦阻。它悄悄潜入，就像那种能渗透各种过滤物的新型毒气那样。自 1940 年以来，每到 2 月，我不由得会暗忖，这次寒冬是要长驻不走了。但珀尔塞福涅③像蟾蜍一样总是在差不多同一时节从鬼魂丛中苏醒过来。到 3 月底，突然间，奇迹便发生了，我寄居其中的破败的贫民窟面貌顿改。广场上那些灰不溜秋的女贞树绿意明媚，栗树上绿叶日渐繁密，水仙开花，桂竹香含苞，警服的蓝色显得柔和宜人，鱼贩子笑脸迎客，连麻雀也改变了模样，它们陶醉在芬芳的空气中，壮着胆子洗了自去秋以来的第一个澡。

我相信，通过保留自己孩提时代对花草、鱼儿、蝴蝶和蟾蜍等的热爱，我们就更可能建立一个和平而美好的未来。而要是一味宣扬世上可赞美的惟有钢铁和水泥而已，别无它物，那可想而知，人类除了相互敌对和领袖崇拜之外，便无处可发泄他们那过剩的精力了。

不管怎么说，这里有春天，即使是在伦敦北一区，谁也无法阻止你享受春天，这颇令人欣慰。多少次，我站在一旁观看蟾蜍交配，兔儿在玉米地里撒欢，同时想到那些只要可能便会阻止我享受这一切的身居要职的大人们。值得庆幸的是，他们无法阻止。原子弹在工厂里成批生产，警察在城市中穿行巡逻，谎言从扩音机里扑面而来，而地球照样绕着太阳旋转。独裁者也好，官僚也罢，无论他们怎样强烈反对这一进程，却谁也无法将其阻止。

（姚燕瑾　译）

①基督教重要节期，复活节前为期 40 天的斋戒及忏悔，以纪念耶稣在荒野禁食。

②指 1940 年纳粹德国对伦敦进行的大量空袭，伦敦城遭受了严重破坏。

③珀尔塞福涅（Persephone），希腊神话中主神宙斯和得墨忒耳之女，后被冥王普路托劫持娶作冥后，但被准许每年返回地面生活数月。

柳浪闻莺

黎先耀

初夏的一个清早，我踱进杭州湖滨的涌金公园。从对岸南北双峰之间，涌出一轮火球般的朝暾，把碧波盈盈的西湖水，熔成了一锅熠熠耀眼的金液，湖面也蒸腾起一片迷茫的雾气。

清新的习习晨风，吹拂着湖边那一行亭亭的垂柳，好像一群结伴的少女，临水梳洗她们秀丽的长发。清代康熙皇帝疏通涌金门城河，曾把御舟关泊在这里游赏。他题写的那块"柳浪闻莺"靠石碑，依然竖立在那里，怎么恰恰的听不到莺啼呢？

"三春柳陌有莺啼"，过了片刻，我心头突地一动，寂静的柳林里，果然响起了清越的莺啼。我正抬头窥探藏在翠幕烟绡中鸣哨的黄莺儿，不远处就又传来了婉转的应声。

它们躲在哪里呢？我随着啼声，四下寻觅，原来鸣于翠柳的黄鹂，并非自由地活跃在袅袅的枝头，而是被囚禁在狭小的鸟笼里。两位早起锻炼的老人，在湖边打拳，那是他们饲养的黄鹂，和脱下的外衣一起，悬挂在附近柳树的枝杈上。那两只黄鹂若有所思地呆立在笼子里，不但看不到它们那特有的轻盈飘逸的舞姿，而且它们的歌声细听起来，也隐约含着一股旷怨之情。真如古诗所云"始知锁向金笼听，不如林间自在啼"啊！

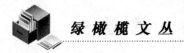

　　黄莺即黄鹂，古时称为"仓庚"，是我国的一种夏候鸟，现在正值它们从遥远的南洋一带归来，觅偶、筑巢、产卵、育雏的季节。《诗经》里不也吟咏过"春日载阳，有鸣仓庚"吗？我耐心地在柳林里徘徊着，察看着，谛听着。

　　啊，终于等到了悦耳的黄鹂鸣啭，从柳荫深处自远而近地传来，惹引得笼里的那两只黄鹂激动地应和起来，我也高兴地迎着鸣声漫步前去，可是并没有发现飞来的黄鹂，却遇到了一位走来向我兜售竹哨的妇女。这种笔管般的竹哨，一边吹，一边抽动簧塞，配合得好，抑扬顿挫，可像黄莺叫了。我花一角钱，不但买到一只竹哨，还学会了模仿鸟鸣的吹哨方法。我就独自倚坐在"柳浪闻莺"的碑亭里，寂寞无奈地吹了起来。

　　往昔，古人惋惜苏堤毁柳，撰过泣柳的小品；如今，我惆怅涌金无莺，写了这篇怀莺的随笔。"万树垂杨属流莺"，我想只要保护好杨柳，黄莺终归是会回来的。近见报载，杭州为了进一步改善西湖的生态环境，已着手建设钱塘江引水济湖工程。我多么希望杭州这座人间的天堂，也能成为小鸟的天堂。

　　今年又届暮春时节，窗外的莺啼，惊觉了我的春眠。那是孩子在院子里，吹弄着我送的竹哨。哨音使我梦见了千里莺啼，群莺穿梭，它们正在用柳丝织出江南似锦的美景……

欢迎你，黑颈鹤

杨炯燊

草海，这颗乌蒙山中的绿色明珠，不仅以其迷人的高原风光而名闻遐迩，还是稀世珍禽黑颈鹤的第二故乡。金秋十月，这座高原淡水湖泊上生机盎然。面积达 45 平方千米的湖面烟波浩森，云水相接；肥美的细鱼、荷包鱼和白鲦成群结队地涌向了近岸浅滩；沼泽地带的荆三棱、水葱、两栖蓼等几十种水生植物，似一层层绿毯铺往天际……忽然，空中传来一声声"哦嘎、哦嘎"的鹤唳，一阵阵"呷、呷"的鸭鸣声，晴碧如洗的蓝天上，似用淡墨抹上了行行"一"字或"人"字。这是黑颈鹤和其他候鸟南迁到草海越冬来了。

草海冬春气候温凉干燥，四周如嶂的青山挡住了凛冽的寒风，再加上环境幽静，动植物食物资源丰盛，这儿形成了一座鸟类的乐园。据统计，草海有候鸟 40 多种。它们中有身姿潇洒的白鹳，皎洁如雪的琵鹭，羽色绚丽缤纷的罗纹鸭、赤麻鸭、绿翅鸭……而在这众多的水禽中，最引人瞩目的，当推我国特有的珍禽黑颈鹤了。它身躯高大，丰姿绰约，头顶鲜红的羽冠如一朵火焰，头、颈似围上了一条黑色的绒围脖，深灰色的体羽像一件得体的大氅。它有时虽与灰鹤混群而居，但多数时间是单独或小群活动。夜间，它栖息在海子中的沼泽地上。天刚破晓，就起飞至空中，翩翩环飞几圈以后，即分散到周围的农田

* 181 *

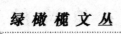

或水草中觅食去了。这种鸟以素食为主，喜食荆三棱等水草的根茎和玉米等农作物。有时也换换口味，尝尝螺蛳、小鱼等"荤食"。

　　然而前些年，草海曾遭不幸。所谓"围海造田"，使得清幽的海子变成面积仅有 1.2 平方千米、水深不到 50 厘米的泥塘，再加上一些人的捕杀，使黑颈鹤失去了栖身之地，被迫远飞他乡。到 1975 年冬季，草海的黑颈鹤仅余 30 多只了！生态平衡的被破坏，珍禽的濒临灭绝终于使人们清醒过来。1978 年 7 月，贵州省人民政府决定把草海划为以保护黑颈鹤为主的自然保护区。经过几年来的综合治理，草海已初步恢复了昔日的丰姿，大批黑颈鹤也姗姗而来。1983 年春季，草海上的黑颈鹤总数已近 300 只，这不仅是黑颈鹤的福音，也是贵州高原的福音呵！归来吧，黑颈鹤！草海欢迎你，高原人民欢迎你！

杏花·酸雨·江南

梅绍华

　　酸雨，这种绿色黑死病如今不仅仅是欧洲、北美的人们谈论的话题了。其实，早在 20 世纪 70 年代，它就悄悄地向华夏大地袭来，其中，受害最严重的是我国大西南的广大区域。

　　巍巍峨眉山之巅的金顶以其雄伟壮观而闻名于世。70 年代以来，金顶上郁郁葱葱的景色不见了，成片成片的冷杉相继死亡。据统计，这里的冷杉死亡率已达 87.3%。死亡原因之一是酸雨、酸雾在作怪。被人们称为峨眉三大奇观之一的云海，实际上部分是由酸雨雾组成的"毒雾海"。

　　西南重镇重庆是受酸雨危害严重的地区之一，市内嘉陵江大桥锈蚀速度高达每年 0.16 毫米，使得有关人员不得不对钢梁进行多次除锈和涂漆，仅维修费用一项，一年就增加几十万元。重庆电视塔建成刚 3 年就发现锈蚀现象。1982 年 6 月 18 日晚，重庆下了一场酸雨，导致市郊 0.13 万公顷水稻叶片突然枯黄，好像用火烤过一样，几天后都枯死了。

　　驰名世界的湖南张家界国家森林公园，也多次发现了酸雨。1986 年，科技人员曾在主要景点黄狮寨先后 8 次采集雨样，结果，检测发现 8 次下的全部是酸雨，而且酸化程度非常严重。连宁静的"桃花源"

里也未能幸免酸雨的降临了。

通过对全国 189 个监测站的调查表明，我国酸雨主要出现在长江以南地区，包括四川、贵州、湖南、广西、广东、江西、浙江和福建等省区的广大区域，其中，西南地区最为严重。

据专家们估计，目前，我国受酸雨污染的农田面积有 4000 万公顷，每年造成的农业经济损失达几十亿元。

更令人担忧的是，今天，我国酸雨的分布正在逐渐扩大。湖南省有关部门近年来的监测结果让人大吃一惊。他们说，比起四川来，湖南酸雨情况有过之而无不及，严重程度排在四川、贵州、江西之前。省会长沙，就几乎是无雨不酸了。长沙的周围地区还出现了强酸雨。

科学家们认为，形成酸雨的关键物质是二氧化硫，而二氧化硫绝大部分来源于城市工业、乡镇企业以及千家万户生活煤炉的排放。我国是一个燃煤大国，而且燃烧的煤含硫量高，大多数没有安装脱硫装置。因而，燃煤产生的二氧化硫毫无限制地进入大气。此外，全国还有数不清的土法炼硫厂和土法炼焦厂，几千万只家用燃煤炉，年排放二氧化硫如同天文数字。而且，这个数字还在逐年增加。由于工业生产和日常生活的需要，预计未来几年，我国煤炭消耗仍将大幅度增加，二氧化硫的排放也会随之水涨船高了。

看来，要想减轻和消除酸雨的危害，只有从根本上减少和消除二氧化硫和氮氧化物的排放，才能重现"杏花·春雨·江南"的美好生态环境了。

沙坡鸣钟

杨闻宇

从兰州乘火车沿包兰线北上，经过腾格里大沙漠的东南沿，水显得奇缺。且看那车站的名儿，喜集水，水源，一碗泉，长流水，迎水桥，玉泉营，丰水村……尽量与水字联襟，正显示着当地居民对水的盼切心情。在这一串儿貌似有水而实则缺水的车站中间，掺杂着一个刺眼的站名：沙坡头。由此下车，可见到一尊兀然陡起百多米的弧形沙坡。当人们脱下鞋袜从坡顶下滑时，地壳内部便发出"嗡嗡嗡"的轰鸣，雄浑、亢奋而清越，极像幽谷里的刹寺钟声。这便是宁夏的有名景致：沙坡鸣钟。

沙坡头名虽枯燥，实际上却离水挺近，它坐北向南，正对着滚滚的黄河，古时途经这儿，无论从陆从水，骑驼乘筏，都可眺望这金灿巍然的坡面。坡底，是块依水延伸的小平川，岸柳堤花，果树成阴，清泉在芬芳的林子里环绕着篱落稀疏的几幢农舍，汩汩有声，若琴若筝，论其爽雅秀静，倒很有点桃源仙境的味儿。沙坡为什么会鸣呢？传说在很古的年代，腾格里沙漠离这儿很远很远，这儿是富饶的平原，而且有一座典雅的小城——朔阳城。原野上浮笼着淡纱般的白雾，小路上响动着走马的脖铃，从黄河对岸的香山飘来传统的塞上牧歌。有一年清明节，朔阳城张灯结彩，龙灯、狮子、高跷一齐涌向街头，南门来了一队绿裤红衫的姑娘，怀抱琵琶，手捏凤箫；北门来了一队黄衣白裤的后生，打着腰鼓，吹动芦笙，双方遇合了，弦歌金鼓并作，腾踏声中，男女翩然对舞：

小小边城哟，生长着小草百种。

嘤嘤蜂蝶哟，追逐着鲜花丛丛。

弹响了琵琶，吹奏着凤箫，

擂动着多鼓，吹响了芦笙，

歌唱明媚的清明节哟，歌唱太平。

啊哟咿，歌唱着太平……

突然间，天空起了大风，日色晦冥，黑云如铁，腾格里的沙砾遮天盖地，直扑刮了九天九夜，从此，这儿变成了起伏纵横的沙梁……沙坡钟声，是凤箫金鼓的怨诉、悲吟，也是青年男女的惊呼、召唤。可以说，这是警钟，它告诫我们这个民族，别沉醉于欢乐之中，要警惕"沙魔"的突袭。

有志气的中华儿女，没有沉醉。1956年，中国科学院兰州沙漠研究所在沙坡头插帐驻马，面对莽莽荒沙，升起了战斗的旗帜。"腾格里"，蒙语的意思是"天一般大"。研究所能否征服它的首先标志，就是看包兰线的列车能否从流动的沙丘之间安然通过。对沙漠，外国人总将它与数学上的"○"画等号，尤其火车，要在大漠上一口气穿过16千米的延续危害区，让两根钢轨与千万座沙丘拉开这么长的阵线，那是很难思议的。我们的科学工作者为了治理流沙，运用了"以毒攻毒"的方略，黄河狂放不羁，大漠桀骜难驯，那就让它两者相互制约罢。先将麦草捆拦腰扎进沙里，组成鱼网状的"半隐蔽式方格沙漠"，栽上固沙植物，然后浇灌黄河里抽上来的水，目的是将沙丘牢牢地钉死于原地。

说到固沙植物，初临沙坡头的人自然要寻找红柳。在沙漠上，红柳几乎与"沙漠之舟"骆驼齐名，有人称它是"沙漠之花"，以为它抗干旱，耐贫瘠，阻遮风沙最勇敢，也最顽强。然而，研究所经过试验，却毫不客气地卸了红柳头上的"桂冠"，认为它在沙丘上是栽不得的。红柳适宜于盐碱地生长，而且只有扎根于水湿涸润之处，才能成活。至于沙漠里所见的红柳沙包，那里沙子密集于它的根部，愈聚愈多，愈聚愈高，简直将要埋没了它，而它迅速化茎为根，顶梢又急忙忙拔节上窜才形成的现象。摒弃假象，与其说红柳根儿向下扎，扎得深，倒不如说它惮于埋没，擅长于在沙窝中苟且偷生更适合。许多艺术家颂扬它、讴歌它，实在是上了红柳那善于在疾风中舞动红穗儿的当。沉着而冷静的研究者认为，在大西北进行植物固沙，柠条、花棒、油蒿才最理想。

有人比喻，沙丘像凝固了的大海，大海像涌动着的沙丘。大海涌动波涛，鱼龙可腾跃嬉戏；而沙丘凝固不动，生物方能安身立命。如今，当火车从沙丘中穿过的时候，两旁有了虫吟，有了鸟鸣，高大的乔木，成片的灌木，夹杂着火一样的花丛，列车就像行进在花卉编织的绿色长廊中似的。沙丘被固定得久了，生态条件发生了根本性的变化，自身也形成结皮，生起了苔藓层，这藓层，以每秒钟26米的风速，也摧它不垮。天暖季节，车窗外的沙丘像一座座顶戴绿盔的卫士，挺胸凸肚，组成威武而严整的队伍，将腾格里深处扑来的巨型沙丘紧紧抵御在数百米外……眨眼间，25年了，被阻击住的巨型沙魔，情绪沮丧，急白了头颅，呆立在远远的外线，而人民的列车则风驰电掣，像一条条巨龙咆哮着穿行而过。论从前，沙漠在这一带的推进速度，每年平均就是140米，想想看，千百座沙丘在25个春秋寒暑里寸步难移，它们的对手该是一群什么样的人哟！

当你在研究所那蜂蝶嘤嘤、落红成阵的果园里找见这些长期从事科研工作的同志的时候，便会发现，他们谦和、文静，工作神情又异常专注，裤腿上沾的泥星星，顾不得抠掉，衫袖上落的花瓣儿，顾不得抖落，但在这专注的心底，却埋藏着火种，压抑着激情。被沙漠吞噬了的朔阳平原，虽属民间传闻，却并非蜃楼幻景，在这黄河之滨，施展科学的回春妙手，还能重生再现么？他们将部分固定沙丘拦腰削平，淤灌出园林地 60 多公顷，近些年，梨子、葡萄、枣儿、苹果、蜜桃、核桃、银杏，还有花生、油沙豆、胡麻以及蔬菜瓜类相继有了收益，这些瓜果因为生长于沙丘，而沙子因早晚不同，温凉变化剧烈，糖分易于内凝，于是就很有点哈密瓜、吐鲁番葡萄的韵味了。研究所自产的西红柿吃不完，送进了中卫县蔬菜公司，其个儿的肥硕、色泽的鲜艳、汁液的甘美，几乎闹翻了中卫城，一位老人掰指头一算，其成熟期之早，比当地平川竟超出半月之久。科学试验上的任何一项突破，作为试验者的坚忍意志与巨量心血的结晶，它必然在人类生活中孕育着另一帧崭新而瑰丽的境界。难怪，沙坡头出现的奇迹，引动了远方的客人的注目。美国的《地理》杂志，曾选用沙坡头的彩色照片作封面。近几年，先后有 6 个国际代表团来这里进行过访问，联合园沙漠治理讲习班，在 1978 年秋季，一次就来了 8 个国家的学者。

来此拜访的人们，无一例外，都要赶到沙坡前聆听"鸣钟"的。听罢之后，人们总要疑问：坡上沙子被一次次蹬滑而下，时间久了，坡底的小"桃源"不成为荒沙滩了么？其实，静心观察，就会明白这是杞人之忧。沙坡底部有扇面形的细泉，不论伏天九寒，匀匀地沁出清水，滑下的沙子，无论多少，要不了一会儿，就被冲进了涓涓小溪，蜿蜒逶迤，穿林过树而去，最后送进了黄河。这清泉，农舍人家说是那箫鼓儿女的泪珠儿，他们"不到黄河心不死"——要用不息的泪水将自己的悲惨际遇诉诸中原父老，诉诸东海洪波，要告诉我们全民族：警惕啊！对腾格里大沙漠绝不能轻敌，要继续进行持久的、韧性的战斗，不克厥敌，战则不止！

拯救荒野

[美] 奥尔多·利奥波德

荒野是人类从中锤炼出那种被称为文明成品的原材料。

荒野从来不是一种具有同样来源和构造的原材料，它是极其多样的，因而，由它而产生的最后成品也是多种多样的。这些最后产品的不同被理解为文化。世界文化的丰富多样性反映出了产生它们的荒野的相应多样性。

在人类历史上，前所未有的两种变化正在逼近。一个是在地球上，更多的适于居住的地区的荒野正在消失。另一个是由现代交通和工业化而产生的世界性的文化上的混杂。这两种变化中的任何一种都不可能被防止，而且大概也是不应当被防止的。但是，出现了一个问题，即通过某种轻微的对所濒临的变化的改善，是否可以使将要丧失的一定的价值观保留下来。

对于正在劳动中挥汗如雨的工人来说，在他的铁砧上的生铁就是他要征服的对手。所以荒野也曾经是拓荒者的对手。

但是，对正在休息的工人来说，则能在瞬息间铸造出一副可以周密观察其世界的哲学眼光来。这样，同样的生铁就成了某种招人喜爱的和怀有感情的东西，因为它赋予他的生活以内涵和意义。这是一个恳求，是为了使那些有一天愿意去看看，去感受，或者去研究他们的文化属性的根源的人受到教育，为了保留某些残留的荒野，就像保留博物馆的珍品一样而提出的恳求。

很多我们借以铸造出亚美利加的丰富多彩的荒野已经不复存在了。因而，在任何一个实际运行的计划中，要保留的荒野的单位面积，在规模和程度上都必然会是很大的。

活着的人再不会看见长着长茎草的草原了，那是一片在拓荒者马镫下翻滚着的草原野花的海洋。我们将可以毫无疑问地在这儿或那儿，发现一块上面可能有这些草原植物作为物种而被存留的 16 多公顷的方块地。在那里曾有过上百种这样的植物，很多都是异常美丽的。连那些继承了这些产业的人对它们的很多品种也是不大清楚的。

不过，那些长着短茎草的草原，在卡比萨·德·瓦卡①曾从野牛的肚皮下可以看到地平线的那个地方，还依然大片地，以数千公顷的规模，在几个地区存在着，尽管已经被羊、牛以及旱地农场主们粗暴地踩躏了。如果 1849 年的逃亡者们②值得在州议会大厦的墙上被立上纪念碑，那么，他们那极不寻常的逃亡背景就不值得在几个国家草原保留地里树碑作纪念吗？

在海岸草原中，佛罗里达有一段，得克萨斯有一段，除了油井、洋葱地以及柑橘林地等围绕着它们以外，播种机和推土机已经把它们充分武装起来了。这是最后的呼唤。

现在活着的人将再也看不见大湖各州的原始森林，也看不到海岸平原上的低地树林或者巨大的硬木林了。在这些品种中，每种只要有几公顷样品就将足够了。不过，有几个数十公顷规模的槭树和铁杉的未垦林区还依然存在，类似的情况还有阿巴拉契亚的硬木林、南方的硬木林沼泽、柏属植物沼泽以及阿迪朗达克山的云衫林。这些残留地区几乎没有几处会不受到将来被砍伐的危害，同时，也更少有可能幸免于未来旅游道路的损害。

在衰竭得最迅速的荒野区域中，有一个是海滨。别墅和旅游道路几乎已经使东西海岸上所有无人烟的海滨荡然无存。苏必利尔湖现在也正要失去大湖中最后一个无人居住的湖滨。没有一个荒野不是和历史更紧密地交织在一起，也没有一个不是在接近于消失。

在整个北美落基山脉以东的地区，只有一个广阔的区域被作为荒野保存下来，这就是在明尼苏达和安大略的奎蒂科——苏必利尔国际公园。这个极为广阔和优美的泛舟地区，是由许多湖泊和河流交错镶嵌而成的，其大部分位于加拿大，这是一个非常开阔的大概可以成为加拿大挑来建立公园的区域。然而，它的和谐正在受到两个最近发展起来的事物的威胁，一个是不断增加的，由飞机运来的用浮筒装备的成群的钓鱼者；另一个是法律权限的争论，即这个地区末端的明尼苏达部分应该全部成为国家所有的森林，还是部分应成为州所有的？整个地区都面临着发电贮水的危险，因此，这种在荒野各组成部分中出现的令人遗憾的分裂状况，也许能在把权力授予强有力的手时结束。

在落基山脉各州中，有20个属于国家森林的地区，其规模从4万～20万公顷，各有不同，已经被作为荒野而收回，并且禁止道路通行、开设旅馆及其他不利的用途。在国家公园里，类似的原则已被承认，但还没有特别明确的界限。总的来说，这些由联邦管理的区域是荒野规划的主干，但也并非安全得像卷宗记录要人们相信的那样。地方上在修筑新的旅游道路的需求压力下，不时地要从这儿夺去一块或从那儿夺去一块。另外，为了扩大控制森林火灾所用的道路，也是一个长期存在的压力，而且实际上，这些道路在某种程度上已变成了公路。常常闲置不用的国家资源养护队的营地，对修筑新的和常常是无用的道路，也是一个普遍的诱感。战争期间木材的短缺，使得许多道路的扩充成为理所当然的和在不同情况下的军事需要。此时此刻，滑雪吊索和滑雪旅馆正在很多山区兴起，却往往不去注意这些地方预前是被指定为荒野的。

在最为严重而黑暗中加剧的对荒野的侵犯当中，有一个是通过对食肉动物的控制而进行的。情况是这样的：为了大型猎物管理上的利益，一个地区的狼和山狮被除掉了。于是，这些大猎物群（通常是鹿和驼鹿）便逐渐增加，并超出了猎区可承受的食用草的负荷点。这样，就必须鼓励猎人们去猎取这些猎物，但是，现代的猎人们是拒绝去一个小汽车到不了的地方的，所以，必须修一条路，以便能够进入这些有猎物供给的地方。这样一来，荒野地区便一而再，再而三地通过这个过程，被劈得七零八碎。这种情况仍在继续。

落基山脉的荒野区域包括着广阔的各种类型的森林，从西南部的弯弯曲曲的刺柏，到俄勒冈的"绵延不断的无边无际的森林"，然而却缺乏荒野地区，大概是因为美学上不成熟的标签，把"风景"（Scenery）的定义局限在湖泊和松树上了。

在加拿大和阿拉斯加仍然有着大片广阔的处女地，在那里，无名的人们沿着无名的河流游荡，在奇异的河谷里孤独奇异地死去。

这一系列具有代表性的地区都可以，而且也应该被保留下来。很多在经济利用值上都是微不足道和被否定的。当然，这将会使人们坚信，是没有必要慎重筹划这个结局的，而且，这样差强人意的地区无论如何都会幸存下来。最近全部的历史都给人以那样令人满意的假设的假象。即使荒野狩猎得以保存，可它们的动物区系又是怎样的情况呢？北美驯鹿、几种加拿大盘羊、纯种的森林野牛、荒地的灰熊、淡水海豹以及鲸鱼，甚至现在还受着威胁。缺乏独特动物区系的荒野地区有什么用处？最近组织起来的北极研究所已经着手进行北极荒原的工业化了，并且完全有可能把这些荒原作为荒野一样成功地消灭掉。这是最后的呼唤，甚至就在遥远的北方。

加拿大和阿拉斯加将能够看见，而且抓住他们的机会到什么程度，是大家的猜测。拓荒者通常是嘲笑任何要使拓荒永存的努力的。

（侯文蕙　译）

①卡比萨·德·瓦卡（CabezadeVaca，1490－1577）西班牙探险家。

②1849年注加利福尼亚淘金的冒险者们。

向高尔夫球场宣战

[马来西亚] 管　姚

　　威胁东南亚环境的一度是人口激增及贫穷，但现在富裕也成了它的敌人。最近，环境学家们正式向高尔夫球场宣战。

　　在槟城召开的一次会议上，与会的各环境组织联手成立全球反高尔夫联盟，用之抵制亚洲范围内日益泛滥的兴修高尔夫球场的浪潮。主持槟城环保大会的马来西亚环境学家齐月玲女士称，不断增多的高尔夫球场现在大有吞掉马岛之势。目前，该国境内有高尔夫球场 150 座，到 2000 年还将增建 50 座。齐女士特加提到，单该国首都吉隆坡到其机场沿路，就将建有 5 座球场。

　　高尔夫球场激增，污染问题应运而生。吉隆坡市郊的朝圣者高尔夫球场老板，一再吹嘘自己的侍应生一律是漂亮小姐，新招者还要到日本接受职业训练，该球场会员证开价 30000 美元。新近开放的玛丽格伦球场，为营造地道的苏格兰情调，在球场周围广种松树，无疑这将给吉隆坡的热带植被造成灾难性的影响。

　　高尔夫球场看上去葱绿一片，极富诗情画意，但环境学家声称这只是假象。高尔夫球场极费水，其耗水量约抵 2000 户居民的日常用水。

　　泰国南部高尔夫球场星罗棋布，当地谷物因为缺水不断减产。维护球场用的化学药剂最终经由河道污染了当地的水源，在此意义上，齐女士斥道："高尔夫球场成了有毒化学品的温床。"

环境学家意识到他们的任务相当艰巨，在泰国、马来西亚等地，政、商界各路大腕视高尔夫球场为交朋友、谈生意的最佳场所。精明的地产商们在推出自己的地产项目时，总不忘吹嘘附设的高尔夫球场如何如何。马来西亚的副首相酷爱玩高尔夫球，印度尼西亚苏哈托家族亦在从事此项获利极丰的广建球场的行当。潮流如此，环保学者又能怎样？

聊可自慰的是，齐女士及其同仁还是取得了有限的胜利。在他们的压力下，日本人不得不放弃了在槟榔山顶兴建休假者之家并附设高尔夫球场的计划，而槟榔山是经济蓬勃发展的马来西亚境内最后几块未被污染的地区之一。齐女士这次赢了，但这只是序幕。"日本人胃口太大了，他们恨不得将马来西亚境内的每一座山峰，都建成供自己娱乐的高尔夫球场。"说这话时，她的语调显得格外的沉重。

促进人与自然和谐发展的"世博会"

陈秋良

2000 年历时 153 天的德国汉诺威世界博览会是在德国举行的首次世博会，也是世博会*150 年历史上规模最大的一次盛会，被称为"科技和经济奥运会"，共有 170 多个国家和地区的国际组织参展，参观人数高达 1700 多万。

汉诺威世界博览会主题是"人—自然—科技—发展"。旨在展望 21 世纪，促进世界经济、社会和环境的和谐发展，着重推动全球对话并对人类所面临的挑战进行思考。会展中心共建有 11 个主题公园和 49 个国家馆，展示了 700 多项有利于人类的可持续发展和环保的高科技项目，并先后组织了 10 次全球知名政治家、学者和研究人员进行研讨。此外，世博会还是展示各种民族文化的大舞台，会展期间各国民族音乐、歌舞表演精彩纷呈，153 天中每天不同的主宾国日更是别开生面，参展国无不利用这一天充分展示本国独特的文化和风土人情。德国经济合作和发展部还以实际行动诠释发展政策，拨出 1 亿马克的援助款资助贫穷国家和地区前来参加世博会，使这届博览会更具世界性。

与历届不同的是，德国没有为本届博览会设计诸如埃菲尔铁塔和原子球一样的标志性建筑，但德国在本次盛会上所倡导的可持续发展和再利用的理念得到所有参展国家的支持，并在实际中得到前所未有的贯彻。49个国家馆全都是有利环保、多用途的建筑，有些是用可再生、多用途材料搭建而成，有的采用了节能、节水新科技。中国馆在建办初期就确定了该馆今后将发展成为中医中心的可持续使用的方案。会展期间因多用途系统在各方面得到充分利用，平均每位游客丢掉的垃圾量被控制在300～350克，而按德国统计，一般景点游客所扔的垃圾量平均在500克以上。如今，在世博会结束还不满一年的时间里，展览中心的所有地皮都已出售，原内部设施也都得到了再利用，今后在世博会原址将拔起一座崭新的拥有高等学校、研究所和大公司的现代化多媒体中心。更具创新意义的是，汉诺威世博会不仅在会展中心向游人介绍体现人与自然和谐的可持续发展项目理念、成果和实施方案，而且在德国和五大洲内都找出了能具体体现大会精神的实景项目，直接在当地做现场展示，进一步扩大了世博会对改善环境的影响力。原东柏林地区一家关闭的玻璃厂废墟周围改建工程就是博览会的一个参展项目，实地向游客介绍城市改建中对自然、人文的保护和利用以及在实际中取得的良性互动成果。

　　＊中国政府也已向设在巴黎的"国际展览局"（BIE）申办2010年上海世界博览会，主题是"城市，让生活更美好"。

编辑后记

江泽民同志在 2001 年"七一"重要讲话中指出:"要促进人和自然的协调与和谐,使人们在优美的生态环境中工作和生活",这就是我们选编这部《绿橄榄文丛》的目的。旨在精选中外科普名篇,通过科学文艺形式,提高读者的环境保护意识,为"努力开创生产发展、生活富裕和生态良好的文明发展道路"尽一份绵薄之力。

我们之所以能在较短时间内,完成这部内容丰富、文字生动的关于环境知识小丛书,主要由于承蒙有关选文的作者、译者的热情支持,并且得到广西科学技术出版社和中国环境文学研究会的积极协作和相助,我们在此一并致以由衷的谢忱和敬意。

《绿橄榄文丛》选编小组